四川盆地蜀南地区深层页岩气全生命周期开发优化技术与实践

李　海　郑马嘉　吴洪波
谢维扬　赵文韬　凡田友　等编著

石油工业出版社

内 容 提 要

本书基于页岩气勘探开发理论、技术和方法，从页岩气渗流特征、井筒积液原理、资源评价方法、页岩气井工艺适用条件等方面展开，结合开发实践经验，详细分析了四川盆地蜀南深层页岩气实例井的生产资料，明确了四川盆地蜀南地区页岩气返排规律、最优井筒流动模型、最优临界携液模型、产能和EUR 计算方法，以及积液后排采工艺介入时机等。

本书可供油气勘探开发工作者、石油高等院校师生及相关专业人员参考。

图书在版编目（CIP）数据

四川盆地蜀南地区深层页岩气全生命周期开发优化技术与实践 / 李海等编著 . -- 北京：石油工业出版社，2024. 11. -- ISBN 978-7-5183-7167-9

Ⅰ . P618.130.8

中国国家版本馆 CIP 数据核字第 20245H3T43 号

出版发行：石油工业出版社
　　　　　（北京安定门外安华里 2 区 1 号　　100011）
　　　　网　址：www.petropub.com
　　　　编辑部：（010）64523760
　　　　图书营销中心：（010）64523633
经　　销：全国新华书店
印　　刷：北京九州迅驰传媒文化有限公司

2024 年 11 月第 1 版　　2024 年 11 月第 1 次印刷
787 × 1092 毫米　开本：1/16　印张：15.5
字数：380 千字

定价：120.00 元

《四川盆地蜀南地区深层页岩气全生命周期开发优化技术与实践》

—— 编 写 组 ——

组　长：李　海

副组长：郑马嘉　吴洪波　谢维扬　赵文韬　凡田友

成　员：常　程　胡浩然　林盛旺　朱　庆　何　宇

　　　　王　萌　兰启奎　吕良辰　胡　燕　邱子麒

　　　　完颜泽　陈奕兆　汪星辰　刘　沙　盛舒遥

　　　　程秋洋　王黎松　来子琴　代　丹　夏自强

　　　　季晓靖　杨开铄　何天宝　黄　霖　杨　强

　　　　曾　伟　宋殷俊　程　文　罗银坤　贺云豪

　　　　伍　亚　罗　迪

序

历经十余年探索实践，深层页岩气的富集规律认识日益成熟，以水平井大规模体积压裂为核心的页岩气开发工艺技术——蜀南页岩气压裂工艺 2.0 技术已经形成，页岩气已成为国内天然气勘探开发新的增长极。

四川盆地蜀南地区 3500 米以深的奥陶系五峰组—志留系龙马溪组海相中深层页岩气的勘探开发，取得了令人瞩目的成绩。从国内首口测试产量超百万方的页岩气井到首个日产百万方的深层页岩气平台，再到国内首个"万亿方储量、百亿方产量"的页岩大气田，目前正在加快建设第二个百亿方规模的大气田，蜀南页岩气已经成为实现川渝千亿方大气区建设和中国页岩油气革命的"顶梁柱"。

蜀南页岩气在取得巨大成绩的同时，由于本身具有埋藏深、天然裂缝发育、应力差大的显著特征，因此在开发过程中也带来了压窜频发、产能递减快等难题。究其主要原因，一是储层构造复杂及天然裂缝发育，压后人工裂缝易受到天然裂缝诱导，呈不规则展布，导致井间压窜；二是受人工缝网应力敏感性强和压窜双重影响，"缝网—井筒"内气水流动规律复杂，合理生产制度设计和调整难度大；三是气井井深大且积液严重，井筒压降过大导致压窜后气井复产困难，工艺措施实施效果差。

面对上述难题和挑战，该书作者深入生产一线，系统总结了蜀南地区深层页岩气开发的经验教训，形成了深层页岩气井井间压窜压力分布与气液两相流动理论，通过室内实验、机理模拟和大数据分析，综合考虑井筒积液对压力损耗的影响，制定了气井积液预警、工艺措施优选、介入时机诊断等方法，明确了工艺运行所需生产动态关键参数界限，揭示了不同阶段储层—井筒压降规律，进一步明确了气井前—中—后期能量损失、能量利用"阶段最优，整体协调"的技术路线，提出了以全生命周期能量利用优化方法为核心的蜀南地区深层页岩气井"全生命周期开发优化技术理念"。

该书以气井全生命周期压力和气水变化为线索，涵盖了深层页岩气井压后气液流动规律、早期返排制度优化、中期井筒积液分析、后期工艺适应性评价等方面的最新研究成果和生产现场实践的成功案例，以及蜀南地区深层页岩气全生命周期高效开发的先进技术与成功经验。希望该书的出版能为广大页岩气开发工作者及高等院校相关专业师生有所帮助。

中国工程院院士

前言

　　2023 年，中国页岩气产量超过 250 亿立方米，已成为中国天然气储量产量新的增长极。四川盆地蜀南地区在获得国内首口测试产量超百万立方米的页岩气井——Lu203 井后，又陆续建成泸州深层首个日产百万立方米的页岩气平台——Lu203H11 平台，获得筇竹寺组测试产量超过 70 万立方米的首口高产评价井——Z201 井，为龙马溪组规模效益建产和筇竹寺组勘探突破做出了重要贡献。

　　页岩气的规模效益开发离不开科学合理的开发技术，随着勘探开发领域逐渐迈入深层和超深层，气藏高埋深、天然裂缝发育、应力差大、走滑断层应力态等因素导致了生产现场呈现压窜频发、返排率高、产能递减快等复杂特征，均会影响到开发技术优化决策。本书旨在总结深层页岩气开发经验教训，详细剖析蜀南地区深层页岩气全生命周期高效开发的先进技术与成功经验，对于建设川渝千亿立方米大气区和实现中国页岩油气革命具有重要意义。

　　本书第一章介绍了川南页岩气开发背景和开发技术研究现状，由李海、郑马嘉、谢维扬、赵文韬等编写。第二章基于经典渗流力学理论，推导并详述了页岩气返排、压窜等特殊复杂流动阶段，由吴洪波、赵文韬、常程、程秋洋、贺云豪等编写。第三章聚焦页岩气复杂气—液流动特征，提出了井筒管流的最优模型优选方法，由凡田友、林盛旺、胡燕、代丹、罗迪、吕良辰等编写。第四章重点介绍了复杂气—液流动导致的井筒积液现象，详述了页岩气井筒临界携液流量的通用计算模型并提出了积液预警方法，由赵文韬、伍亚、朱庆、王黎松、季晓靖、何天宝等编写。第五章介绍了页岩气产能评价方法，并提供了合理配产的设计依据，由常程、刘沙、完颜泽、王萌、来子琴、杨开铄等编写。第六章阐述了地质、工程、生产参数对气井 EUR 的影响程度，为科学评价气井产能和提高单井效果提供了依据，由谢维扬、胡浩然、汪星辰、宋殷俊、陈奕兆、盛舒遥、程秋洋等编写。第七章简述了页岩气井筒采气智能化技术的现状和发展趋势，由郑马嘉、赵文韬、何宇、兰启奎、杨强、黄霖等编写。第八章论述了下油管、柱塞、泡排等采气工艺的介入时机，由郑马嘉、曾伟、程文、罗银坤、邱子麒等编写。第九章以实际的页岩气井为例，进行了全过程动态分析，提出了开发技术优化措施，由吴洪波、赵文韬、谢维扬、凡田友等编写。

　　在本书编写过程中得到了中国工程院胡文瑞院士的倾力指导，也得到了廖广志、丛连铸、崔永平、李熙喆、万玉金等专家的帮助。谨在本书出版之际，向以上专家表示衷心感谢！

　　由于作者水平有限，疏漏在所难免，敬请广大读者批评斧正。

目录

第一章 绪 论

本章阐明了近年来川南页岩气勘探开发背景，分别就气井气水产出规律、多相管流模型、气井携液规律、水平井排水采气工艺等方面进行文献调研，梳理总结了页岩气开发理论认知和开发技术进展。

第一节 川南页岩气勘探开发背景

近几十年来，由于能源需求不断增长，以及传统开发方式的油气产量不断下降，作为非常规天然气的页岩气的开发逐渐成为各国关注的焦点和研究热点。目前除美国、加拿大外，澳大利亚、德国、法国、瑞典、波兰，以及中国等国家，均已开展了相关的科研工作。中国石油天然气集团有限公司（简称中国石油）于2010年在四川盆地顺利开展了页岩气的勘探开发，并取得了较好的经济效益，这标志着中国页岩气产业的兴起，同时页岩气作为新兴的能源产业也为我国的经济发展带来新的机遇。我国富有机质页岩分布广泛，具有较大的资源量和勘探潜力。四川盆地是我国页岩气储量第一的地区，也是我国页岩气主战场，近年来在龙马溪组海相页岩气勘探开发方面取得重大突破，已建成长宁—威远、昭通和涪陵3个国家海相页岩气示范区，累计产气超过$480×10^8m^3$。2022年，四川盆地页岩气产量达$240×10^8m^3$，有力支撑了国家能源需求。

我国最先在川南地区开展页岩气勘探工作并建立页岩气示范区，据国家能源局（2016）文件《页岩气发展规划（2016—2020年）》，川南勘探开发区位于四川盆地南部，包括威远—荣县、荣昌—永川两个区块，主要层位为上奥陶统五峰组—下志留统龙马溪组富有机质页岩，已初步圈定埋深小于4500m有利区面积$270km^2$，地质资源量为$2386×10^8m^3$。自然资源部2018年《四川省川南地区页岩气勘查开发试验区建设实施方案》中提到，截至2017年12月，四川省辖区内累计开钻页岩气井343口，完钻290口，压裂221口，投产215口，已建成产能年突破$45×10^8m^3$，年产量达到$30×10^8m^3$，累计产量已达到$66×10^8m^3$。到2020年，试验区页岩气年产量目标为$100×10^8m^3$，累计探明储量达（3000~5000）$×10^8m^3$；到2025年，试验区页岩气年产量目标为$200×10^8m^3$，累计探明储量目标为（7000~10000）$×10^8m^3$。

第二节 气液两相管流模型研究现状

目前气液两相流压降模型的发展经历了经验关系式、半经验关系式和机理模型三个阶段。其中经验关系式、半经验关系式是出于当时石油工业的迫切需要而产生的，发展至今已有近70年的历史，而机理模型是近20年提出的一种新兴的压降计算方法。

一、经验关系式

人们对于单相流体十分了解，因此在研究气液两相流之初，大部分学者都将其视作单相流进行处理。1952 年，Phillips 石油公司的 Poettmann 和 Carpenter[1] 发表了在气举操作设计中应用的文章。Poettmann 和 Carpenter 工作的主要进展是较合理地引进了混合物的质量和体积的计算方法，油气水井内流动压力的计算达到了一定的精度；由于流体流动按均相流模型处理，这种模型没有反映井内气液比、密度和黏度等参数随井深变化的特征。此方法适合于高流量和低气液比情况，但在低流量和高气液比时误差较大。后来 Baxendell 和 Thomas[2]、Tek[3]、Fancher[4] 和陈家琅[5] 等对此做了不少改进，回归了阻力系数与两相雷诺数的关系，但这种方法已不在工程中使用。

Lockhart 和 Martinelli[6] 在 1949 年考虑气液两相流之间的气液滑脱，首创了分相流动模型方法，他们将气液两相流视为两股流体，采用经验公式关联两相摩阻压降倍率与持气率和流动参数的关系，进而计算压降。

然而以上方法的共同问题在于没能全面考虑影响管流压降的一些其他因素。

二、半经验关系式

1963 年 Duns 和 Ros[7] 提出的压降计算方法，是继 Poettmann 和 Carpenter[1] 方法之后，对石油工业界有重要影响的又一种方法。为了全面描绘气液两相流动现象，通过量纲分析，Ros 确定出 10 个无量纲群。在铅直两相流动中，只有 4 个无量纲群是真正有意义的。Ros 在长度为 10m、直径为 32~142.3mm 的铅直管中进行了气液两相流动实验，得到了流动形态分布图。Duns 和 Ros[7] 提出的无量纲群对油井多相垂直管流方法的发展起了重要作用。Duns & Ros[7] 方法在工程上可以达到很高的精度，但它主要适用于较短的管段，而对深度或压差很大的井，必须进行一连串的分段计算。

1965 年，Hagedorn 和 Brown[8] 在装有 1in、1¼in、1½in 油管的 457m 深的试验井中，以 10mPa·s、30mPa·s 和 110mPa·s 的油、空气和水混合物进行了大量现场试验，以气液两相滑脱为基础（滑移模型），得到了三条持液率相关曲线，建立了两相流相关式。其中持液率是关于 Duns 和 Ros[7] 定义的无量纲数的函数，两相流动的摩擦因素则可由 Moody 图表获得。该模型相关式在现场实际应用中具有较高的精度，因此滑移模型也得到了广泛的应用。

1967 年，Orkiszewski[9] 推广了 Griffith 和 Walks 的工作方法，对比分析了多个气液两相流计算方法，应用 148 口油井的实测数据对多个两相流模型性能进行了综合评价和优选，建立了基于流型的垂直管两相流压降计算方法。泡状流用 Griffith 方法，段塞流中的密度项用 Griffith & Walks 方法，摩阻压力梯度用 Orkiszewski[9] 的方法，段塞流与雾状流的过渡区和雾状流均用 Dun & Ros[7] 方法。Orkiszewski[9] 开始把反映两相流动机理的气泡举升速度概念用于油气垂直管两相流压力降的计算方法中。他给出了流动形态判别方法，并对每个流型单独进行了计算。该方法主要是针对油井建立的。

1972 年 Aziz[10] 等在 Govier[11] 等研究基础上提出了比 Duns & Ros[7] 流型图更明确、简单的流型图，将油气井中的流动形态划分为泡状流、弹状流、过渡流、环状流和雾状流五种类型，并在压降计算中首次提到用漂移模型描述泡状流、段塞流的思想，因此它不是一个完全的经验方法，其对泡状流和段塞流的研究已经开始进入机理模型的行列，但是其流型预测方法和对过渡流、环雾流的压降计算方法仍建议采用 Duns & Ros[7] 的经验方法。

1973 年，Beggs 和 Brill[12] 基于由均相流能量方程式推导的压力梯度方程式，以空气和水为流动介质，以 13.7m 长的两根 1in 和同样长的两根 1.5in 内径的半透明聚丙烯管作为测量管段，经过大量实验得出了持液率和沿程阻力系数的相关规律。Beggs 和 Brill 发现，持液率与倾角之间存在一定的依存关系。Beggs 和 Brill 根据不同的持液关系进行实验，以入口体积含液率为横坐标，Froude 数为纵坐标，在双对数坐标轴上画出了水平流动形态图。Beggs & Brill 压降计算法适用于具有任意倾角的管路。这一方法在井筒和集输管路上都得到了广泛的应用，但其缺点是，对持液率的计算结果偏大，摩阻系数不连续，仅预测了水平管路的流型，在流型分界处持液率的数值存在不连续的情况。

1985 年，Mukherjee 和 Brill[13] 在 Beggs 和 Brill[12] 研究工作的基础上，改进了实验条件，对倾斜管两相流的流型进行了深入研究，提出了更适用于倾斜、水平管的两相流持液率、摩阻系数关系式，其中持液率关系式是关于 Duns 和 Ros[7] 定义的无量纲数和管斜角的函数。后来在 2002 年，国内学者韩洪升[14] 等综合这两个学者采用的无量纲准数，结合自己的实验数据，得到了新的倾斜、水平管持液率关系式。

1978 年，Gray[15] 提出了适用于凝析气井的压降计算方法，他认为凝析气井虽然气流速度高，但气液间同样应该存在滑脱，通过 108 口井的测试资料得到了持气率经验关系式。Gray 强调该方法的运用范围：气流速应小于 15.24m/s，管内径应小于 88.9mm，凝析液含量应小于 $2.808m^3/10^4m^3$，水含量应小于 $0.28m^3/10^4m^3$。

1980 年，Taitel[16] 等发表了垂直管内稳定向上气液流动的流型转变模型化的文章，指出过去的流型判别图大多以实验为基础，主要依赖当时的流量、流体性能和油管尺寸，但是没有给出流动形态转变的完整表达式。在前人的基础上，Taitel 等根据各相的表观速度来表示流型边界的相互关系，从一种流型到另一种流型转变的机理出发，解释和预测了转变条件，提出了描述流型转变的物理模型，发展了具有理论基础的转变方程。

1984 年，Reinemann 等对两相流动形态模拟计算投入相当的精力进行研究，结合实验数据作为参考，在引入较少的简化假设基础上，建立了综合的组分分相流水力学模型。

1986 年，Asheim[17] 提出了一种利用计算机技术拟合两相流持液率和摩阻系数的方法，将持液率和摩阻系数表示为气液表观流速的函数，其中包含了多个优化参数，利用最优函数，结合气井测压数据对这些参数进行自动优化。后来国内学者李颖川采用类似方法建立了一种持液率数值优化模型，将持液率转化为关于 Duns & Ros[7] 四个无量纲数的函数，能够根据产液气井的测压数据自动优化持液率关系式中的系数。

1988 年，Peffer[18] 等针对凝析气井，建立了一种修正单相模型，模型基于 Cullender & Smith[19] 模型得到，将气液两相考虑为单相"湿气"，对湿气的相对密度和管壁有效粗糙度进行修正，这种模型通常只适用于低液量气井条件。同年，还出现了相似类型的 Oden & Jennings[20] 方法、Rendeiro & Kelso[21] 方法。后来国内学者黄炜[22]、张奇斌等[23] 针对产水气井建立了类似的模型。尽管如此，这类模型没有考虑气液滑脱，在气液比略低的气井中性能会大大降低。

Acikgoz[24] 首次将油气水作为三个独立项目来研究多相流流型，流型的划分基于每个组分的流动形态，具体划分并命名了 10 个流型。给后来的油、气、水多相流动的研究奠定了新的基础。

1998年，廖锐全[25]等得出了垂直管多相流的压力梯度方程。

1999年，李颖川[26]等提出了用参数描述持液率的两相流压降模型，该方法根据现场数据优化持液率特性和管壁粗糙度，预测的压降结果更接近实际情况。

Hewitt[27]在长38m、内径为76.2mm的不锈钢管中开展了油、气、水三相流动实验，将气液两相与液液两相的流型进行了比较，发现层流存在于两种流动中，液液两相之间存在一种非常重要的现象，即"反相"现象。

2014年，李文生[28]等对集输"S"形立管中空气—油两相流流型特征进行实验研究，利用概率密度函数PDF对流型进行判别。

2022年，罗程程[29]等基于流型转变点，提出垂直井筒持液率3点曲线半经验公式模型。基于垂直管与倾斜管中持液率的对应关系，提出倾斜管中持液率预测方法，构建水平井气液两相管流压降预测新模型。

但这些无论是经验还是半经验关系式采用的拟合参数或无量纲数都是根据经验假设得到，缺少物理根据，适用范围有限。例如1987年，Reinicke[30]等对这些方法在产液气井中的应用性能进行了评价，结果发现绝大多数模型在气井中的应用性能很差，仅有Hagedorn & Brown[8]模型、Beggs & Brill[12]模型和Gray[15]模型的实际应用效果较好。正是由于这类模型不具有任何物理意义，适用性受限，同时由于大量的流动变量产生了大量的无量纲数，寻求合适的回归关系式需要庞大的实验数据作支撑，改进难度大，因此这类方法的发展前景是有限的。

三、综合机理模型

从20世纪80年代末开始，石油工业中开始引用首先由原子能工业提出的机理模型，通过研究气液在管中流动过程的力学机理来描述多相管流的流动规律。相继出现了Hasan & Kabir[31]、Ansari[32]等综合机理模型。这类方法着眼于物理现象，对两相流发生的机理进行了定义和数学建模。其基本出发点在于假设每一种流型下流体的运移规律具有共性，因此这类方法首先要求判断流型，随后对每种流型建模并预测其水力和传热特性。这类模型所依据的实验数据量并不大，但是却比经验模型适用范围更宽、更具理论依据，因为它们考虑了流动机理，以及管径、管斜角，气液流量、气液物理性质等重要参数。

1988年，Hasan和Kabir[31]采用了Taitel[33]等在气液两相流动转变机理的研究成果，结合自己的分析，建立了新流型预测机理模型，并针对每种流型建立了压降计算方法。采用漂移模型计算泡状流、段塞流、搅动流的压力梯度，针对环状流建立了专门的压降机理模型，考虑了液滴夹带和气芯对液膜的剪切作用。Hasan和Kabir分析指出，垂直管流中，除环状流外，重位压差占总压降的主要部分。在某些情况下，如低含气率和低流量时，重位压差超过95%。无论是重位压差的液柱压力还是摩阻压差的混合物密度，都需要计算当地含气率 H_g，因而正确估计管内的当地含气率十分重要。

1990年，Scott等也开展了气液两相流动，其特别之处在于针对段塞流流型的气液两相流动做了专门而深入的研究，实验开展在水平管或微倾斜管线的管路中，通过实验Scott建立了新的数学模型用于反映段塞流流型的气液变化规律。

1994年，Ansari等把近年来各个单一流型的机理研究成果组合起来[32]，总结出了自己的流型判断机理模型，并针对每种流型选用了已有的机理模型来预测压降。流型预测来自 Taitel 和 Barnea，泡状流压降模型来自 Gaetano，充分发展的段塞流压降模型来自 Sylvester，发展中的段塞流压降模型来自 McQuillan，环状流压降模型来自 Hewitt 等；为适应油井垂直气液两相流动的情况，对一些关系式的系数进行了修正，形成了一套详细的综合机理性的压降预测方法。最后通过 Tulsa 大学数据库 1775 口油井的实测数据对该方法性能进行了验证。

1996 年，Chokshi[34] 等在一个双油管实验井中进行了气水垂直上升管流实验，得到了各种流速条件下的 324 个测试点，包含流量、压力、温度和密度，提出了预测流型及压降的机理模型。与前人不同之处在于他只将流型分为泡状流、段塞流和环状流，并且采用了另外 1712 个数据对包括新模型在内的 9 个模型进行了评价。

2000 年，Gomez[35] 等针对管斜角 0°~90° 范围建立了两相流综合压降机理模型，2001 年 Kaya[36] 等采用了与 Ansari[32] 等类似的建模方法建立了垂直井 / 微倾斜井的两相流综合机理模型。

2009 年，刘晓娟[38] 等针对倾斜井气液两相流提出了一种机理模型，并利用某油田 28 口井数据进行了验证。

2010 年，Hasan[37] 等基于漂移模型提出了一种简易的两相流机理模型。在重力项压力梯度计算中采用了统一的持液率表达式，表达式中仅包含了分布系数和漂移速度两个参数，并由流型决定。对流动参数在流型界限附近进行了光滑处理，避免了模型在流型过渡处的不连续问题。

2020 年，李凯[39] 等提出了基于脱离速度大小识别垂直气液两相管流流型的方法，以脱离速度来定义流型转换边界，与实测数据完全吻合。

2021 年，王武杰[40] 等考虑润湿性和表面张力对液膜沿井筒内壁周向分布的影响，利用能量最小原理建立了临界条件下的气液两相分布计算模型。

2023 年，刘永辉[41] 等引入滑脱速度，建立了实验条件下持液率计算新模型，修正气相 / 液相无量纲准数来实现实验低压向气井高压条件转换，新模型平均相对百分误差为 -5.48%，明显优于常用的气液两相管流模型。

这类方法与传统方法相比，更具物理意义，能够解释流型产生的原因和现象，还能预测流型的结构参数或特性参数，具有广阔的发展前景。但在实际应用中发现，目前的这些机理模型在产液气井中的性能还没能超越传统的 Hagedorn & Brown[8] 模型、Beggs & Brill[12] 模型和 Gray[15] 模型。例如 2005 年，Persad[42] 利用 280 个产液气井测试数据对 14 个两相流模型进行评价发现，Ansari[32] 等和 Gomez[35] 等模型性能不如 Gray[15] 模型，但这并不意味着机理模型比传统方法落后，只是说明还需要进一步评价和完善现有的机理模型。

目前的综合机理模型多是针对油井条件建立的，在气井中的适应性评价较少，而且其性能同时取决于流型判断、压降模型的正确性。例如大多综合机理模型目前都采用 Alves[43] 分相流模型预测环状流气井压降，然而 Hasan 和 Kabir[44] 分析发现，环状流分相流模型存在解的不确定性，其性能赶不上传统的均匀流模型；又比如机理模型中常用单元体模型预测段塞流的压降，然而该模型仅在 Garber 和 Varanasi[45] 所报道的几口段塞流凝析气井中做过应用，并未通过大量段塞流气井数据进行过评价，适用性未知。

总之，在两相流压降模型研究的历史长河中，实验研究起到了关键性的作用。迄今已发展了许多气液两相流计算方法，其适用条件均具有一定的局限性，往往更接近油井生产条件。但是，现有的两相流压降预测模型用于有水气井压降时，存在误差较大的问题。要解决上述问题，迫切需要对多相流做进一步的基础研究，从多相流流动基础研究揭示的规律与机理出发，提出新技术和新方法。Orkiszewski、Ansari 等把近年来各个单一流型的实验和机理研究成果综合起来，形成了一套适合于垂直油井气液两相流动的压力降预测方法，该方法为建立适合于有水气井的多相压降预测模型提供了思路。

第三节　水平井井筒压降研究现状

水平井井筒内的流动与普通圆管不同。普通圆管内，流体仅沿圆管方向流动；而在水平井筒内，流体除了沿井筒方向流动，还沿径向方向流入井筒，故而井筒内的流动并不是均匀的。沿径向流入的流量会影响井筒内的压力分布和压降大小、干扰管壁的边界层、改变摩擦阻力。因此，必须考虑水平井筒变质量流的存在，才能更加准确地分析压降及产能。

1990 年，Dikken[46] 首次提出了水平井筒内压降不能忽略的理论。他假设微元段上的采油指数为常数，并将井筒及油藏中的流体流动通过质量守恒方程联系起来，得到了井筒流动方程。

1991 年，Landman[47] 等采用相似的方法，将水平井假设为射孔完井。水平井筒按井眼被分成无数小段，并把每个井眼段看作一段小型的 T 形短管。该方法仍然只考虑了摩擦压降和加速度压降，忽略了流体混合造成的压降损失。

1992 年，Asheim[48] 将井筒压降考虑为管壁摩擦和流入的加速压降综合，并定义了有效摩擦系数。

1994—1995 年，Ozkan[49] 和 Sarica[50] 等使用三维模型描述了无限大的油藏中的渗流规律，但该模型不适用于拟稳定流状态下水平井的压降计算，且该模型仅考虑了井筒摩阻压降的影响，忽略了流体的加速压降与流体沿程径向入流的影响。

1995 年，胥元刚[51] 通过耦合水平井筒流动与油藏流入动态，研究了沿程摩阻压降对水平井产能的影响，其采用 Joshi 公式描述油藏渗流模型，假设单相且稳态，取轴向上水平井的比采油指数为常数，建立了水平井筒中流量分布的二阶偏微分方程，并由此方程的分析计算得到了产量、水平段长度与井筒半径之间的关系。然而该模型仅考虑了井筒摩阻压降，未对加速压降做深入地研究。

1994—1997 年，Novy[52] 与 Penmatcha[53] 等采用与 Dikken、Landman 相似的方法建立了油藏与井筒的耦合模型，并讨论了水平井产能、水平井长度及压降之间的关系。但是该模型不能反映实际油藏中的三维流动效果。

1998 年，Ouyang[54] 等考虑了井筒内流体的摩阻压降损失和重力影响，建立并求解了油藏定压边界和封闭边界条件下的油藏与井筒的耦合模型。周生田[55] 等利用常规水平管分层流分析的方法，根据气相和液相的连续性方程和动量方程得到了水平井气液两相变质量分层流的压力梯度模型。该模型考虑了油藏到井筒的渗流，忽略了加速度影响。

1999 年，Penmatcha[56] 等运用 Babu-Odeh 方程描述了各向异性矩形油藏中的渗流，建立了一个三维、瞬态、半解析的耦合模型，并对水平井的生产动态进行了预测。该模型考虑了摩阻压降、加速度压降及流体径向入流的影响，且适用于非稳态流和拟稳态流，可通过在空间和时间上叠加以用于多种情况。同年，Penmatcha[57]等建立了水平井变质量流的半解析模型，并可以对井筒内单相原油流动与水平井生产动态影响进行量化，并分析了不同类型油藏、流体，以及井的参数对水平井产能的影响，提出了一种优化水平井长度的方法。吴淑红将水平井筒划分为若干个"微元段"，并假设在每个"微元段"井筒主轴流速不受井筒壁面径向入流流体的影响，只是对下一"微元段"主轴流速产生影响，因此，可将每一个"微元段"视为等质量流，从而得到了水平井筒流动的简化模型。

2000 年，Chen[58]等提出了预测多分支井生产动态的产能模型，其先在井筒与油藏耦合的单水平分支模型的基础上，计算了分支井的产量与井筒压降，然后将单分支模型运用到与主井筒相连的多分支井体系，该模型井筒内流体考虑了单相和油气两相的情况，对于单相流动采用摩阻压降、加速压降及混合压降的和，对于两相流动采用了 Ouyang 均质模型[54]与 Beggs & Brill[12]关系式描述水平井筒壁面的入流效应、加速度效应及流动形态的影响。同年，刘想平等[59]对水平井井筒内单相变质量的流动特性进行了分析，并根据势叠加原理推导了地层中的渗流方程，以及裸眼完井和射孔完井两种不同完井方式下水平井筒内的压降公式。

2001 年，于乐香[60]等沿用了 Dikken 模型[46]中将单位长度生产指数假设为常数的方法，对井筒流体和油层渗流进行了耦合，建立了考虑井筒变质量流的水平油藏压力梯度模型。

2004 年，Yildiz[61]研究了非均质性油藏中射孔水平井的流入动态，求得了拟稳定流状态下水平井的产能及累计产量的变化规律。Vicente[62]等在改进的黑油模型的基础上，研究了水平井的变质量流动特性，求得了压力和产量沿水平井筒的分布情况。同年，段永刚[63]等考虑了井筒流体摩阻、动量变化及井筒壁面流入对水平井流动特性的影响，建立了井筒与油藏耦合时水平井不稳定流动的数学模型，获得了定产量条件下的井筒流率分布、井筒压降分布情况。然后他们利用井筒与油藏耦合时水平井非稳态产能的预测模型进行计算[64]，验证了该模型的正确性。

2005 年，陈伟[65]等建立了井筒耦合与油藏渗流的动态预测机制，并利用耦合模型分析了多种测试方案设计及参数敏感性。

2006 年，Guo[66]等考虑了垂直和弯曲井筒部分的压力降及各分支之间的窜流，提出了一个较为精确的预测多分支井 IPR 曲线的综合模型。该模型的缺点是忽略了水平段的压力损失。

2009 年，李海涛和王永清[67]从复杂结构井产能评价方法与设计理论出发，在考虑了油藏与井筒耦合的情况下，系统地研究了不同完井方式下水平井及多分支水平井的完井产能综合评价半解析模型。同年，周生田[68]等分析了裸眼完井时水平井微元段的流动机理，由此得出了水平井筒的压降模型，并分析了水平井产能受井筒压降的影响。

2009 年，李晓平[69]等假设水平井米采气指数为常数，从而建立了气藏渗流和水平井筒流动的耦合模型，对不同流态下的水平井筒的压降和产量进行了计算和实例分析。

2010 年，Fayal[70]等假设流体的端流黏性各向同性，并利用数值计算方法和计算流体动力学，研究了致密气藏水平井筒内端流速度场和压力场。同年，Yuan[71]等分析了水平井流量和裂缝中的流动特性，并建立了单相流时稳态条件下的压裂水平井流入动态预测模型。

2011 年，Tabatabaei[72] 等建立了盒状油藏中地层渗流与井筒耦合的半解析模型。该模型考虑了层流至紊流的流态变化、摩阻压降、加速度压降和井壁入流的影响，并考虑了钻井时导致的污染引起沿井筒方向表皮的变化情况。

2012 年，匡铁[73] 应用 Eclipse 软件中的多段井模拟技术，以实际区块的水平井数据为基础，研究井筒损失对水平井的影响，以及井筒与气藏的流动耦合规律，认为水平井井筒的紊流是影响水平井产能的主要因素。

2015 年，袁淋[74] 等基于气水两相渗流原理及水平井周围椭圆形渗流场，考虑启动压力梯度、应力敏感性、滑脱效应，以及高速非达西流动等因素的影响，定义气水两相广义拟压力，得到了低渗透气藏中气水同产水平井地层渗流模型，并考虑水平井筒变质量流动，建立了地层两相渗流与井筒两相管流的耦合模型。

2018 年，梅海燕[75] 等基于低渗透气藏渗流机理，考虑启动压力梯度、非达西流动和压敏效应，建立了低渗透气藏压裂水平井稳态产能模型，发现虽然水平井筒长度的增加能够有效增加产量，但井筒内的压力损失对产量的影响更加明显。

2019 年，李丽[76] 等优选水平井筒气液两相预测模型，分析水平井筒内气水流动规律，发现水平井筒压力损失取决于气量、水量、轨迹上倾角及轨迹波动起伏程度。

2023 年，周伟[77] 等通过耦合气井流入状态和井筒管流，建立了巨厚气藏气井产层段变质量流井筒压力计算模型，该变质量流模型能较为精确地计算井筒压力值，进而可以有效解决气井产能测试遇阻无法获得井筒压力、井筒压力折算值不准确易导致产能指示曲线负异常等问题。

第四节　气井携液研究现状

目前，气井的携液理论与实验研究主要针对直井情况，在 Turner 液滴模型的基础上出现了多种预测气井临界流量的携液模型，而针对水平井的携液理论研究，国内外公开报道则相对较少。

一、气井携液实验

1998 年，荷兰 Eindhoven 科技大学 Keuning[78] 研制了水平井段连续携液实验装置，装置管径为 50mm，长 12m。Keuning 通过实验测试了不同管斜角下的连续携液临界气流速，并绘制了管斜角与临界气流速的关系曲线。

2005 年，Olufemi[79] 研制了垂直井连续携液实验装置，并通过实验测试了垂直井段在不同井口压力、温度条件下的连续携液临界气流量。利用实验数据，建立了新的连续携液临界气流量计算模型。

2006 年，得克萨斯州 A & M 大学的 Awolusi[80] 在高 12.2m、内径 50mm 的可视化 PVC 管中开展了气井连续携液实验，实验通过测试井底液位是否上升来判断该流动状态是否为连续携液。由于井底积液上升到一定的高度后容易被气流带出井口，因此该实验不是严格意义的连续携液实验，因为连续携液是指井底没有积液或液位始终维持在某一高度的气液流动状态。

2007 年，魏纳[81-82]等建立总高 16m、内径 40mm 可视化有机玻璃管实验回路，模拟气井连续携液过程。该实验利用雾化喷嘴产生的液滴来模拟环雾流场中的液滴，导致实验产生的液滴尺寸与环雾流场中真实液滴粒径相差较大。雾化喷嘴孔径大小会影响实验测试结果，实验没有系统全面地模拟环雾流场中液滴的携带过程。

2008 年，Westende[83]等搭建了直径为 50mm 的垂直井段连续携液实验装置，通过实验测试了垂直管连续携液时的液滴直径、液滴运行速度、压降梯度和液滴夹带率。通过实验分析，Westende 认为液滴不会导致积液，液膜的回流才是导致气井积液的根本原因。

2010 年，肖高棉[84]等建立了可视化 L 形管气液两相流实验装置，实验回路垂直段高 18m、水平段长 6m、管段内径 24mm，配套先进实时测控系统，开展了直井段与水平气井的连续携液模拟实验，测试达到稳定临界携液状态时的气、液流量等参数，应用实验数据对各携液模型进行了评价，在液滴模型的基础上对阻力系数和韦伯数进行了修正，并增加角度相关项提出了气藏水平井的携液实验修正模型。

2011 年，Wang[85]等利用可视化实验架开展低压（不大于 0.6MPa）环雾流液滴微观实验，测量气流中最大稳定液滴尺寸和液滴的变形参数 d/d_0（d_0 和 d 分别为变形前后液滴迎风面的直径），分析液滴变形特征，确定临界韦伯数。

2014 年，周德胜[86]等通过可视化实验装置，采用压缩空气和水作为介质模拟气井气体携液过程，验证分析了多液滴模型。实验发现：气体在携液临界流速时，持液率在大于 0.0085 时气井开始出现积液，在持液率大于 0.0085 时，加大气流速度，当气流速度增加到某一值时，液体可以全部被携带出井口，且随着持液率的提高所需要的临界流速也随之增加，从而首次通过实验证明了气体携液临界流速与其持液率有明显的关系。

2020 年，王其伟[87]设计了安装于管筒内的多级孔板装置，以井底气体为动能，利用孔板减少或阻止液体回流，使液体通过多级孔板逐级上升；实验利用气体压缩机提供气源，测试了不同气体流速下，加入孔板对气体和泡沫携液能力的影响。实验表明：在管筒内加入液体回流限制装置，大幅度地提高了管筒的气体携液能力和排液效果，降低了气体排液和泡沫排液的气体流速临界值。

2023 年，王贵生[88]等搭建了高 8m、内径 30mm 可视化实验装置，通过垂直管流实验对比了起泡剂对气液两相流型特征及流型转化条件的影响，实验表明：加入起泡剂后，降低了段塞流向搅动流、搅动流向环状流转变的气相表观流速；段塞流和搅动流的压力梯度显著降低；环状流压力梯度显著增加；段塞流和环状流气液间的滑脱减弱，持液率降低；连续临界携液气相流速急剧降低，在 50° 左右的倾斜管段效果尤为明显，最大降幅超过 40%。

2023 年，辛磊[89]等开展不同凝析油含量的地层水对泡排携液能力影响的实验，模拟井筒积液从井底被携带至地面的演化过程，研究表明随着凝析油含量增加，起泡剂携液能力下降。

2024 年，于相东[90]等借助多相管流实验开展了定向井携液机理实验，分析了管径、角度、液体流速等因素对气井积液的影响规律。实验结果表明：在相同角度、液量条件下，管径越大，临界携液流速越高；液滴模型不适用于倾斜管，液膜反转是引起倾斜管积液的主要原因。

上述对气井临界携液的实验研究较为全面和系统地模拟气藏水平井积液过程，为气井携液模型奠定了坚实的基础。

二、气井携液机理

气井刚开始积液时，井筒内气体的最低流速被视为气井的临界携液流速，其对应的气量为气井的临界携液流量。目前在气井连续携液理论方面出现了两种解释模型。

（1）液滴模型（图1-1）：该模型认为分散相液滴是导致积液的主要因素。

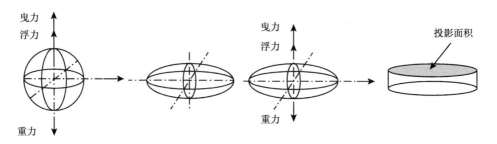

图1-1　液滴模型受力分析示意图

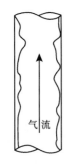

图1-2　液膜模型
示意图

（2）液膜模型（图1-2）：该模型认为液膜是导致积液的主要因素。

从现场实际应用情况来看，液滴模型在气井生产中得到了更为广泛的应用，相继出现了Turner圆球体液滴模型[91]、Coleman液滴模型[92]，以及李闽椭球体模型[93]等模型。

液滴模型认为液滴是液体在井筒中的主要表现方式，从而假设排出气井积液所需的最低条件是使井筒中的最大直径液滴能连续向上运动。对最大液滴在气流中的受力情况进行分析，通过使气体对液滴的曳力等于液滴的沉降重力来确定气井的携液临界流量。

1969年，Turner[91]等对最大液滴进行了受力分析，假设液滴是圆球状，临界韦伯数为30，将曳力系数取为0.44，最终推导出液滴携带临界气流速计算方法。Turner等利用矿场生产数据验证模型，发现将模型计算值上调20%更接近实际情况，最终系数取为6.6。这一理论成为预测气井临界携液流量的经典算法。

1984年，Lescarboura[94]在Oil & Gas Journal上发布了一个预测井筒临界携液流量的计算机程序，其中采用调整安全系数增大20%后的Turner液滴模型。

1991年，Coleman[92]等利用Turner模型对多口井口压力低于500psi（约3.45MPa）的气井进行计算，结果表明，Turner模型在不上调20%的情况下，能更好地预测连续携液临界气流量。

2000年，Nosseir[95]等在Turner模型的基础上进一步研究，利用雷诺数对流型进行划分，并推导了层流、过渡流、紊流条件下的临界携液气流速计算模型。

2001年，Li[93]等认为液滴被气流携带向上的过程中会发生形变，呈椭球状。对其进行受力分析，将曳力系数取为1.0，推导出了新的液滴模型，该模型计算的临界携液流量是Turner模型的38%。

2007 年，王毅忠[96]等认为液滴被气流携带向上的过程中会发生形变，呈球帽状，对液滴进行受力分析，将曳力系数取为 1.13，推导出了球帽状液滴模型。该模型计算的临界携液流量是 Turner 模型的 34%。

2009 年，Zhou[97]等认为除了气体流速之外，持液率也是影响临界携液气流量的重要因素，从而提出了一个预测气井积液的新模型。认为气液混合物中存在一个临界持液率值（0.1），高于该值，流型转化为搅动流或段塞流，即使气速大于 Turner 液滴模型计算的携液临界流速也有可能产生积液。临界携液气流量随持液率的增大而增大。但是 Zhou 等[97]给出的临界持液率值是利用 Turner 等[91]实验数据简单回归得到的，缺乏理论依据。

2012 年，王志彬和李颖川[98]根据液滴质点力平衡理论，导出了气井临界携液气量预测新模型。新模型引入的特征参数液滴携带临界气流速关系式系数 C_k、临界韦伯数 W_{ecrit} 综合考虑了液滴变形和最大液滴尺寸差异对携液气量的影响，新模型从机理上解释了各气田临界携液气量相差较大和个别气田临界携液气量较低的原因。

2015 年，熊钰[99]等根据液滴质点力平衡理论，考虑液滴变形和液滴尺寸差异对气井临界携液流量的影响，在综合对比曳力系数、液滴变形参数与临界韦伯数之间的函数关系式及计算液滴变形参数的基础上，提出了气井临界携液流量新模型。

2018 年，潘杰[100]等基于气流中液滴总表面自由能与气相总湍流动能相等的关系，建立了考虑液滴直径、液滴变形及变形对液滴表面自由能影响的气井临界携液流速计算模型，新模型综合考虑了液滴直径、液滴变形及变形对液滴表面自由能的影响，临界携液流速计算模型表达式的系数不再为常数，而与液滴变形参数和曳力系数有关。

2021 年，周朝[101]等通过对液滴动力学和能量分析，综合考虑井筒产液量、液滴变形和造斜率变化引起的液滴能量损失，建立了页岩气井全井筒临界携液流量模型。

2024 年，黄全华[102]等基于液滴理论，在以球帽形液滴理论为基础的斜井临界携液流量通用模型上，引入井斜修正系数，建立了新的临界携液流量模型，新模型敏感性分析结果表明，影响气井携液能力的因素强弱次序为：油管直径、压力、井斜角、温度。

液膜模型认为液膜是导致积液的主要因素，积液的发生与液膜的反向流动密切相关。液膜向上运动是由运动气流作用于气液界面产生的剪切力克服液体重力与管壁剪切力的结果。当液膜的自身重力大于气流作用于液膜上的曳力时，井筒四周液膜就会发生反向流动导致井筒积液。

直井液膜模型认为若气流不能维持液膜沿管壁向上流动，气井将开始积液，井筒流型发展为搅动流。液膜逆流的临界气流速可通过搅动流向环雾流转化的条件进行预测。液膜推移的临界气流速可根据无量纲气流速和 Kutateladze 数计算，其中无量纲气流速更常用。Wallis[103]给出的搅动流向环雾流转化的无量纲气相速度在 0.7~1.0 之间变化。Owen[104]实验得出的无量纲气相速度为 0.52。Richter[105]对无量纲气相速度进行了重新推导，得到了新的表达式，拓宽了适用条件。Pushkina 和 Sorokin[106]得出不同管径搅动流向环状流转化的 Kutateladze 数为 3.2，然而 Richter 和 Lovel[107]通过实验发现 Kutateladze 数受管径影响很大。上述模型均是经验模型，存在对携液机理认识不清的局限。

水平管 Kelvin-Helmholtz（K-H）波动理论认为，当水平管中压力变化所产生的抽吸力作用于界面波，并达到可以克服对界面波起稳定作用的重力时，就会发生 K-H 不稳定效应，导致界面波生长[108-109]。随着气速的不断加大，界面不稳定波的不断增长就会导致液滴的形成与管道中液体的连续携带。

肖高棉等[110]考虑倾斜角的影响，假设液膜流动为稳定层流，液膜为不可压缩牛顿流体，建立稳态层流液膜流动的控制方程，通过边界条件对方程进行求解，得到倾斜管连续携液液膜模型，但模型假设液膜厚度在倾斜管管壁四周是均匀一致的，这与实验观察到管底液膜厚度远大于管顶液膜厚度的结论相悖。

2016 年，陈德春[111]等针对定向井气体携液机理不清、临界携液流量预测误差较大等问题，基于定向井筒中液膜的受力状况，考虑气芯与液膜之间的剪切力、液膜与管壁之间的剪切力、流体重力和液膜前后的压差等作用，建立了定向气井临界携液流量预测模型，并推导了该预测模型相对于 Turner 模型的修正系数。

2020 年，李金潮[112]等对比最小压力梯度模型、液滴模型和液膜模型并分析积液实验的结果表明，液膜反向是气井积液的主要原因。并基于环雾流型并考虑管径、液相流速、气芯中液滴夹带等因素的影响，构建了适用于垂直气井积液预测的零剪切应力模型。

2022 年，张德政[113]等基于液膜受力平衡和动量守恒，建立了适用于不同井型（直井、定向井、水平井）的液膜携带机理模型，得到了临界携液流量的理论计算方法；基于机理模型宽范围计算结果，建立了类似 Belfroid 模型的经验关系式。

第五节　水平井排水采气工艺研究现状

部分气井在生产早期因地层压力和产气量均较低，井筒不能连续携带地层产出液体出井口，造成井筒积液和井底回压上升，产气量迅速下降，最后气井水淹停产，为了维持气井生产，避免井筒积液影响气井产量，需实施排水采气工艺。

国内外产水气藏的排水采气工艺通过多年的改进和发展，目前已形成一套适合各种类型气藏的、比较完善的排水采气配套工艺[114-124]，如优选管柱、气举、泡排、机抽、电潜泵、射流泵、柱塞气举、球塞气举等。这些工艺技术都有其自身的优点和局限性，而对于一口具体气井而言，井况千差万别，没有一个统一的固定模式。

水平井井身结构一般由垂直段、弯曲段和水平段组成，各段曲率半径和造斜率都直接影响到举升工艺的选择。对于短半径水平井，在机械采气过程中，只能把举升设备下在垂直段。因为短半径水平井的造斜率太大，各种举升设备都无法顺利地通过弯曲段，更不可能下至水平段。对于中半径水平井，可以把举升设备下至垂直段、弯曲段和水平段。对于长半径水平井，既可以把举升设备下至直井段，又可以下至弯曲段和水平段。

一、气举排水采气

气举排水采气技术是通过管柱安装的气举阀，从地面将高压天然气注入水淹停喷井中，利用气体的能量举升井筒中的液体，使井恢复生产能力。该工艺适用于弱喷、间喷和水淹气井。排液量大，适用于气藏强排液；适用面广，不受井深、井斜及地层水化学成分的限制，可应用于斜井及水平井开采。ExxonMobil 公司在大斜度井中安装了气举阀成功排出了井底积液，但最大难题是在更换气举阀时不能准确定位与投捞。

二、电潜泵排水采气

电潜泵排水采气工艺是采用随油管一起下入井底的多级离心泵装置，将水淹气井中的积液从油管中迅速排出，降低井底流压，重新获得一定的生产压差，使水淹气井重新复产的一种机械排水采气生产工艺[125]。

美国 OVYX 能源公司在西得克萨斯钻了一口平均造斜率为 12°/30m 的中曲率半径水平井，选用 130mm 套管完井。完井测试后选择了排量为 80.9m³/d 的电潜泵排液，初装在造斜点 1269m 深的垂直井段。因气锁改装在弯曲段尾部的水平段，比原挂位置增加 23.5m，采液量增加了 50%。根据此口井经验，该公司在另一口水平井中设计了一台水平安装的电潜泵，为减少泵的偏斜，采用 177.8mm 套管完井，气锁问题明显减少，产液量上升 20%[114]。

三、有杆泵排水采气

有杆泵排水采气工艺是将泵下入井筒动液面以下适当深度，柱塞在抽油机带动下，在泵筒内作上下往复抽汲运动，从而达到油管抽汲排液，套管产出天然气的目的。杆式泵是斜井、水平井中最常使用的开采技术。为了顺利地把泵下入或通过长曲率半径井的弯曲段，必须解决抽油杆和油管的摩擦问题。目前采用抽油杆导向器可降低磨损量。

如果杆式泵所在井段是弯曲的，那么最好采用带挠性泵筒的泵，如插入泵。弯曲的井筒剖面可能使抽油泵装置的组件变形，因而使泵的工作复杂化。试验证明，随着井斜角的增大，泵阀的漏失量增加，阀座过早磨损。当倾斜角为 15°、45° 和 60° 时，泵排量将相应地减少 10%、25% 和 40%。然而，巴什基里亚许多油田的斜井开采试验证明，将泵安装在井筒倾角 40° 以下的井段，泵排量的变化非常小。抽油杆的免修期随着井筒倾斜的增大而增加，但必须同时减小泵挂深度。

苏联阿尔兰油气开采管理局曾选择 150 口井采用杆式泵进行开采，井的最大倾角为 0°~50°，泵径为 32~43mm，含水率 0~25%。为减小井下设备的摩擦力，采取了两种技术措施：（1）在抽油装置上安装气动补偿器，以减小水动力摩擦力，由此可减小整个有杆泵的摩擦力；（2）采用带差动柱塞的杆式泵，这种方法是当抽油杆柱上行时，将井口和井筒倾斜组合段之间的液体段截断，并分段上举到井口[114]。

四、泡沫排水采气

泡沫排水采气是将某种能够遇水产生泡沫的表面活性剂注入井底，借助于天然气流的搅拌，与井底积液充分接触，产生大量的较稳定的低密度的含水泡沫，泡沫将井底积液携带到地面，从而达到排水采气的目的。泡沫排水采气的机理包括泡沫效应、分散效应、减阻效应和洗涤效应等。起泡剂有离子型、非离子型、两性表面活性剂和高分子聚合物表面活性剂等，目前能够使用的泡排剂种类较多。不同气藏不同层位的地层水性质不同，化学剂的选用也有所不同。现场应用中，首先采用气流法和罗氏米尔法对起泡剂进行评价，根据井温、凝析油、H_2S、CO_2 含量、水矿化度、亲憎平衡值（HLB）、表面张力、临界胶束浓度（CMC）和稳定性可以对起泡剂进行选择，最后制定合适的现场应用技术。

对于水平井泡排，成功率低，工艺难度更大，一是因为从油管或油套环空加注的液体药剂不能在水平段流动，造成水平段的液体不能起泡；二是因为固体泡排球或棒在油管或油套环空下落过程中易卡住，不能到达水平段；三是固体泡排球或棒遇到积液后迅速溶解，造斜段底部或水平段的积液不能起泡。为此，水平井泡排工艺对泡排剂的选取和加注工艺提出了更高的要求。毛细管可将液体泡排剂加注到造斜段，但工艺目前存在成本高的问题。

五、连续油管排水采气

连续油管排水采气的基本原理是在不动原有井下生产管柱的情况下，将连续油管从原生产管柱内下入产层中部，利用地层自身能量将气水产物通过连续油管或连续油管与原有生产管柱之间的环形空间从井底举升至井口，从而实现气井带水生产。其生产方式有 3 种：（1）用连续油管作生产管柱进行排水采气生产；（2）连续油管与原有管柱的环空作生产通道生产；（3）利用连续油管通道作加注泡排剂通道，连续油管与原油管环空采气。

目前国外连续油管主要规格有 ϕ25.4mm、ϕ32mm、ϕ38mm、ϕ45mm、ϕ50.8mm 等。标准连续油管都是用改性 HSIA 碳钢制造，这种材料符合美国材料试验协会标准，最小屈服强度 483MPa，最小抗拉强度 552MPa，由于连续油管机械性能不断改善，在井中使用深度不断增加[117]。

近几年，国内苏里格、广安等气田采用连续油管作为生产管柱对有水气藏的排水采气试验取得了较好的效果，目前已陆续进入现场应用阶段。苏里格气田 2009—2010 年开展了外径 ϕ38.1mm 连续油管排水采气现场试验 14 口井，平均油套压差减小 3.2MPa、产气量增加 $0.5 \times 10^4 \text{m}^3/\text{d}$。

连续油管设备具有其特有的优势，使其在天然气开采领域的应用越来越广泛。主要优点表现为：（1）可实现小管径排水采气，排液效率大大增加，增产明显；（2）连续油管可进入水平井积液严重的水平段，实现水平井的排水采气；（3）连续油管可配合车载气举，复活水淹停产水平井；（4）施工费用较低，连续油管设备已国产化，且具有较强的竞争力，宝鸡石油钢管有限责任公司生产的工作管柱，已进入国际市场，在中东投入使用。

六、水平井排水采气发展趋势

随着生产时间的延长，油气田的开发进入中后期，排液工艺技术将成为水平井一项重要的后续工艺技术，水平井的广泛应用对排液工艺技术提出了更高的要求。国内外的水平井采气工艺技术正在不断地得到研究、改进和完善，并不同程度地在世界各国的水平井中得到应用，取得了巨大的经济效益。

水平井排液工艺技术作为排液技术的一个发展方面，无论是地面设备，还是井下工具，国内外研究的出发点都是围绕降低采气成本，提高经济效益而展开。国外已开展水平井排液技术对不同类型气藏的适用性及筛选参数优化的物模、数模研究；水平井与复杂结构井最佳产能、影响因素及工艺参数优化研究。在工艺及配套工具研究等方面，我国与国外还有一定的差距，需要进行重点攻关研究，以满足现场实际开发生产的需要。

总体上看，水平井排水采气工艺技术发展趋势是：

（1）研制新型泡排剂、泡排球或泡排棒。泡排工艺配套设备简单、操作简便，成本低。

（2）发展小油管技术。通过安装小油管，降低连续携液流量和井筒压力降，但目前该工艺存在选井条件不明确、工艺成本较高的问题。

（3）连续油管和泡排工艺联合作业。气田到生产后期，地层能量不足，产气量低，采收率低，通过联合作业进一步降低井底回压，从而提高最终采收率。

第二章 页岩气渗流特征、返排规律及压窜计算

页岩气藏作为典型的非常规气藏，其储集方式和运移规律非常复杂，本章从页岩气储存机理、页岩气吸附解吸特征、页岩气运移和产出机理等方面研究页岩气渗流特征。页岩气藏的压裂实践表明，压后返排对页岩气藏压裂效果具有重要影响，本章认为压裂液并不渗吸进入基质中，返排流动区域主要是压后形成的水力裂缝，因此建立页岩气井压裂液返排模型，用于分析页岩气井压裂液返排规律。针对压裂施工过程中普遍存在新井压裂时压裂液窜入老井的问题，建立考虑压窜的页岩气藏物质平衡方程，该方法可以计算出压裂液侵入量，为后续生产工作提供指导。

第一节 页岩气渗流特征

本节从页岩气储存机理、页岩气吸附解吸特征、页岩气运移和产出机理三方面阐述了页岩气渗流特征。

一、页岩气储存机理

页岩气藏特殊的孔隙类型决定了页岩气赋存状态的多样性。通过对国内外已有资料的查阅，可知页岩气储存机理与常规天然气存在着较大的差别。目前国内外关于页岩气赋存状态比较一致的认识是：在页岩气藏中，除了极少量的页岩气以溶解态存在外（少量溶解于干酪根、沥青质、液态烃类及残留水中），大部分的页岩气主要是以吸附态和游离态两种形式存在（即以游离态存在于页岩基质微孔隙和裂缝中，以吸附态吸附在页岩基质有机质表面）[126-128]。游离态、吸附态和溶解态的天然气在页岩气藏中处于一个动平衡过程中，其机理如图 2-1 所示。

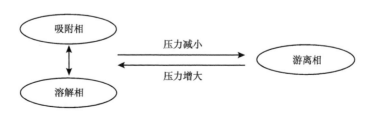

图 2-1 页岩气不同赋存状态间的动平衡

1. 游离态页岩气

在页岩气藏天然裂缝、人工压裂裂缝，以及页岩储层基质微孔隙中存在一部分以游离态形式存在的天然气，称为游离态页岩气[129]。游离态页岩气含量的高低与构造保存条件密切相关。与常规天然气一样，游离态页岩气属于易被压缩流体，可用真实气体状态方程进行描述。

$$pV_{mol} = ZRT \tag{2-1}$$

式（2-1）也可写成以气体密度表达的形式：

$$\rho = \frac{pM}{ZRT} \tag{2-2}$$

式中 p——气体压力，Pa；

V_{mol}——气体摩尔体积，m^3/mol；

Z——气体偏差系数，对于理想气体 $Z=1$；

T——气体绝对温度，K；

ρ——气体密度，kg/m^3；

M——气体摩尔质量，g/mol；

R——摩尔气体常数，取 0.008471MPa·m^3/（kmol·K）。

2. 吸附态页岩气

页岩基质中存在有巨大比表面积的有机质孔隙，是吸附态页岩气的主要储集空间。据 Curtis[130] 的研究成果，页岩气藏中以吸附态存在的页岩气占页岩气总量的 20%~85%，一般为 50% 左右。从吸附气含量来看，页岩气藏介于常规气藏（吸附气含量通常被认为是零）和煤层气藏（吸附气含量一般在 85% 以上）之间。吸附态页岩气含量的多少主要受岩石组成、有机质含量、地层压力、温度等因素的影响。吸附态页岩气的解吸规律可用 Langmuir 等温吸附方程来描述。

3. 溶解态页岩气

页岩气藏中的天然气以游离态和吸附态为主，仅有极少量的天然气以溶解气的形式存在于固体有机质及液态烃类中。由于溶解气在页岩总含气量的构成中所占的比例很小，在计算含气量及建立渗流模型时可忽略不计。

二、页岩气吸附解吸特征

页岩储层与常规气藏储层的最大差别就在于纳米孔隙极其发育，具有非常大的比表面，是一种优良的吸附剂。页岩气从游离态变为吸附态的同时，也存在页岩气由吸附态解吸变为游离态。

1. 页岩气吸附机理

页岩储层由于表面分子层力场的不平衡、不对称性，因而存在表面自由能。热力学第二定律阐述了物质总是有自发地减小表面自由能的趋势，由于在固体表面上的分子力通常处于不平衡状态，导致与其发生接触的气体或者液体分子会因为分子力的作用被吸附在固体表面，使得残余力得到平衡，这种在固体表面进行的物质浓缩现象，称为吸附现象[131]。

页岩体表面的分子存在剩余自由引力场，导致在页岩表面与气体发生表面作用。当页岩气体分子接触到页岩体表面时，其中的一部分便被页岩体表面吸附并且与页岩体表面颗粒结合成页岩体的一部分，并释放出吸附热，被吸附的页岩气体分子再重新获得动能，并且所增加的动能足以用来克服页岩体表面引力场的引力作用时，就会重新回到气相中重新形成游离状态的页岩气，由此可见页岩表面的吸附属于可逆的物理吸附。

根据现有的文献研究，可以总结出通常固体表面吸附所具有的特征：

（1）吸附是放热的，随温度升高吸附量下降。但是，某些特殊体系在温度升高时，溶质的溶解度降低，从而使溶质在固体表面的吸附量增加。当溶解度降低程度超过了温度对吸附量的影响时，吸附量随温度的增加而增大。

（2）吸附量与吸附质的浓度成正比，吸附量随吸附质浓度增加而增大。由于气体具有较强的压缩性，固体表面对气体的吸附能力随压力的上升而增大。

（3）固体表面凹凸不平，且表面物质成分不均匀，由于不同成分的吸附性能不同，因此固体吸附具有选择性。固体表面不同部位的吸附量常有较大差异。

（4）固体表面对吸附质的吸附量随界面面积增大而增加。

1940 年，Brunauer 等通过实验描述了五种等温吸附类型，其中第一类是适用于具有表面积很小的孔隙物质存在的情况，比如泥岩中的有机质，这一点正好符合页岩储层的特性。因而，该类型的等温吸附曲线准确地描述了页岩的等温吸附特征。后经过无数学者的研究探讨，形成了现在的 Langmuir 等温吸附曲线，如图 2-2 所示，该曲线中，气体的吸附作用在相对低压下增加较快，同时吸附空间被持续充注。等温吸附初期的斜率大是由孔隙壁的吸附能力引起的，吸附气体分子直径比孔隙略小。在更高的压力系统下达到饱和后，吸附气体不再增加，单层吸附开始，等温吸附线趋于平缓。

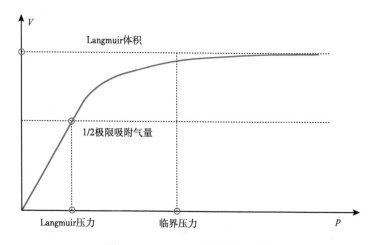

图 2-2　Langmuir 等温吸附曲线

法国化学家 Langmuir 在研究了固体表面的吸附特性后，通过结合动力学观点，提出了等温吸附定律，并通过一系列假设，最终得出了单分子层吸附状态方程。国外学者在近些年来对页岩气研究过程中发现 Langmuir 等温吸附方程可以用来描述页岩气吸附在页岩表面的现象[132]。在页岩气藏内气体吸附体积与储层压力有如下关系：

$$V = V_m \left(\frac{bp}{1+bp} \right) \qquad (2-3)$$

式中 V——页岩气吸附量，m^3/kg 或 m^3/m^3；

V_m——Langmuir 吸附常数，m^3/kg 或 m^3/m^3；

b——Langmuir 压力常数，Pa^{-1}；

p——气体压力，Pa。

通过式（2-3）可以看出，当页岩储层处于高压时，bp 远大于1，那么 $bp/(1+bp) \approx 1$，于是有 $V=V_m$，这证明当储层处于高压状态下，页岩基质表面已被气体分子吸附物覆盖，随压力增加，吸附气量不再增加。由于是等温吸附，所以在理论上，任何温度条件下，极限吸附量都是相同的，不同页岩储层吸附量上的差异，反映在吸附常数 V_m 上。

对 Langmuir 方程进行线性改写变为如下形式：

$$\frac{p}{V} = \frac{p}{V_m} + \frac{1}{bV_m} \qquad (2-4)$$

最后 Langmuir 方程可以简化为如下形式：

$$V = V_L \left(\frac{p}{p+p_L} \right) \qquad (2-5)$$

式中 V_L——Langmuir 体积，m^3/kg 或 m^3/m^3；

p_L——Langmuir 压力，Pa。

很多储层物性参数会影响到页岩储层的吸附能力，这其中最关键的主要有地层压力、地层温度、储层有机质含量和天然裂缝数。

根据 Langmuir 定律可知，地层压力越大，页岩储层的吸附量随之增大，但当这个压力值高于某个临界值时，吸附气量增加速度放缓，最后会达到一个峰值，即 Langmuir 体积。

页岩气的吸附是可逆的物理吸附，其中的气体分子与页岩表面以范德华力结合在一起，温度升高，分子运动加剧，从而导致气体分子脱离固体表面，成为游离态，吸附气量因此而减少。

储层中的有机碳含量直接决定了生气效果的强弱与否。基于北美页岩气勘探开发数据可以看出，有机碳不仅仅是衡量烃源岩生气潜力的重要参数，其数值的大小会直接导致吸附气量发生数量级的变化[133]。

地层天然裂缝为页岩储层中的气体提供了储集空间，也提供了有效的运移通道，通常认为，开启的且相互垂直的天然裂缝能够显著地增加页岩储层的吸附气量。大量裂缝群的存在标志着这一页岩气藏可以进行商业开采并得到工业气流。通常认为，控制页岩储层内吸附气量的裂缝主要在于其自身因素：密度及其走向的分散性。总而言之，裂缝总条数越多，走向越分散化，彼此连通性越好，吸附气量就越大。

2. 页岩气解吸附特征

页岩气的解吸过程可以用 Langmuir 等温吸附模型来描述，在页岩气藏被打开的时候，其储层已经被页岩气饱和，这表明储层在初始条件下含气量位于 Langmuir 等温吸附曲线以上，在此之后，随着地层压力的降低，吸附气将从页岩基质系统中解吸出来变成游离气。若页岩未被页岩气饱和，则储层的初始含气量在等温吸附曲线以下，随着地层压力降低，吸附气不会立即解吸出来，只有储层压力降到与实际含气量对应的压力处，吸附气才会开始解吸。储层的初始压力与临界解吸压力越接近，吸附气解吸越快。

三、页岩气运移和产出机理

页岩气藏复杂的孔隙结构决定了页岩气特殊的渗流方式，同时页岩储层孔隙结构的多尺度性使得页岩储层中气体的产出方式也具有多尺度性，从分子尺度到宏观尺度都有页岩气流动的发生。

从宏观到微观，页岩气产出过程中涉及的过程有（图 2-3）：页岩气在人工压裂裂缝及天然裂缝中的流动；页岩气在基质微孔隙中的渗流；页岩气在纳米级孔隙中的扩散，以及页岩气从有机质颗粒表面的解吸。

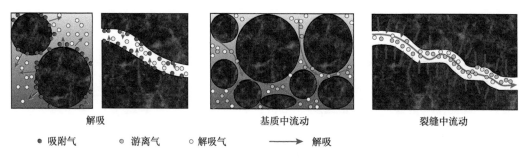

解吸　　　　　　　　　　　基质中流动　　　　　　　　　　裂缝中流动

● 吸附气　　　● 游离气　　　○ 解吸气　　　——→ 解吸

图 2-3　页岩气产出机理示意图

1. 页岩气渗流及运移规律

关于页岩气在储层中的渗流规律，学术界一直缺乏统一的说法。其认识主要有以下几类：

（1）King 在其研究中指出：页岩气在储层内的运移过程类似于煤层气，主要由两个阶段组成，一是随着储层被打开后，地层压力下降，吸附气从页岩基质孔隙壁的表面解吸到基质孔隙内，解吸气和孔隙内的游离气共同通过扩散作用进入裂缝网络中；二是裂缝网络中的所有气体在压差作用下，通过达西流动进入井筒内，完成产气过程。目前可以通过 Darcy 定律和 Langmuir 等温吸附定律来描述这两个流动运移阶段，而该体系中的扩散作用则主要由体系扩散、Knudsen 扩散，以及表面扩散组成，通过 Fick 第一定律即可描述页岩储层的扩散活动。King 所描述的页岩气在储层中的运移如图 2-4 所示。

（2）Javadpour 在其研究中肯定了 Knudsen 扩散对于描述页岩气藏这类纳米孔隙储层的准确性，他认为随着生产的持续进行，游离气逐渐被采尽，地层压力的下降会导致初始页岩基质内的吸附气开始进入解吸扩散阶段，其微观运移将会经历如下三个阶段：

首先是干酪根和储层内有机质表面的吸附气进行表面扩散，其次吸附气从干酪根表面、微孔壁表面向储层孔隙中解吸，最后气体在纳米孔隙中以 Knudsen 扩散方式进行运移，经过裂缝网络以达西流动方式进入井筒内，完成整个渗流过程[134]。Javadpour 所描述的页岩气在储层中的运移如图 2-5 所示。

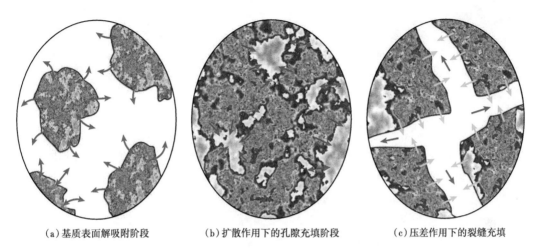

(a) 基质表面解吸附阶段　　　　(b) 扩散作用下的孔隙充填阶段　　　　(c) 压差作用下的裂缝充填

图 2-4　King 描述中的储层总页岩气渗流过程

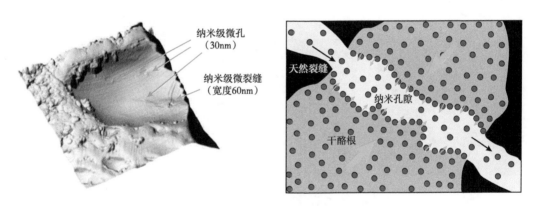

图 2-5　Javadpour 描述的页岩气微观运移过程

（3）Kang 基于电镜扫描研究结果及页岩气藏储集测试结果提出了两种相似却又有明显差异的页岩气微观运移模型。①并联关系，储层中的干酪根（有机物部分）与无机物基质并联后，共同与裂缝以串联方式相连接。干酪根内部的气体通过体系扩散至其表面，干酪根表面的吸附气解吸并通过扩散进入裂缝。而无机物基质孔隙中的页岩气以达西流动方式进入裂缝系统。②串联关系，干酪根（有机物部分）、无机物基质与裂缝这三者以串联方式连接。干酪根内部的气体通过体系扩散至其表面，干酪根表面的吸附气解吸并通过扩散运移进入无机物基质中，最后再以达西流流动方式进入裂缝[135]。在实际运移过程中，多数时候是以这两种运移方式混合的过程来实现气体产出的，而对于扩散方式，Kang 认为解吸气在干酪根表面的扩散属表面扩散，而在基质孔隙中的自由气以 Knudsen 扩散方式运移。

Kang 所描述的页岩气在储层中的运移如图 2-6 所示。

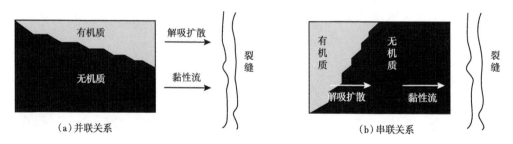

图 2-6　Kang 描述的页岩气微观运移过程

（4）Guo 提出了基于页岩纳米孔隙的对流模型，基于该模型，分析了两种不同的运移特性。其一为黏性流，若气体分子的平均自由程小于孔隙直径，则衡量气体分子在孔隙内的运移情况将由其彼此间的碰撞程度决定。由于气体分子体积相比于其流通空间来说要小得多，因此其碰撞到孔喉壁的概率非常小。在此流动阶段，单组分气体分子间的气压梯度会产生黏性流动。其二为 Knudsen 扩散，当孔隙直径很小的时候，其平均自由程相对较近，气体分子与孔喉壁之间的碰撞就占据了主导地位，在这种情况下，Knudsen 扩散规律就可以用来描述这一流动阶段[136]。Guo 所描述的页岩气在储层中的运移如图 2-7 所示。

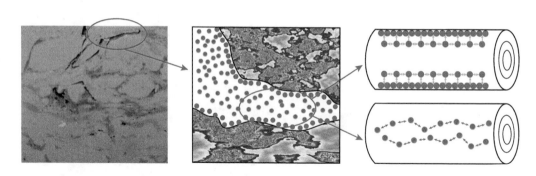

图 2-7　Guo 描述的页岩气微观运移过程

2.解吸气扩散类型

页岩气藏在开采过程中由于地层压力下降，吸附在基质或裂缝表面上的吸附气将会发生解吸作用，通过解吸作用这些气体进入了流通孔道变为解吸气。解吸气是页岩气藏产量中最为重要的组成部分，在其进入高渗透率的流通通道之前将会通过扩散作用进行运移。当页岩气藏中气体浓度分布不均匀时，气体就会从高密度区域转移到低密度区，而原来高密度区会因为气体分子流失而导致密度降低，原来的低密度区域则会密度升高，这种现象被称为扩散现象。页岩气从页岩基质（图 2-8）表面解吸出来后会通过扩散作用在孔隙中运移，由于孔隙孔径非常小，达西渗流的作用很微弱，可以忽略。页岩气内的扩散主要是通过浓度扩散作用，甲烷分子从高浓度区向低浓度区流动，其驱动力为浓度梯度而不是渗流作用下的压力梯度。

基于此，通常认为若页岩气藏经过水力压裂施工后，从基质孔隙外，也就是基质表面开始向裂缝中扩散，换言之就是开始向渗透率更大、浓度更低的地方扩散，这样的扩散属于 Fick 扩散。

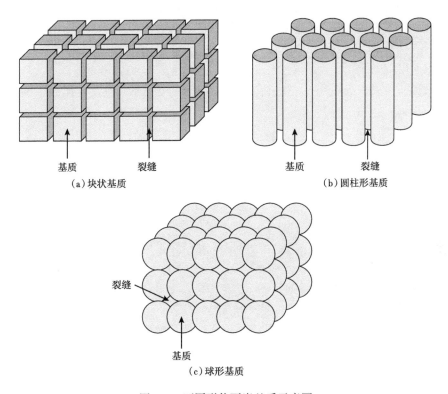

（a）块状基质　　　　　　　　（b）圆柱形基质

（c）球形基质

图 2-8　不同形状页岩基质示意图

对于 Fick 扩散，主要有 Fick 第一定律及 Fick 第二定律，第一定律用于描述基质表面的解吸气拟稳态扩散，而第二定律则用于描述其非稳态扩散。

（1）页岩气拟稳态扩散。

Fick 第一扩散定律的普遍形式如下：

$$v - v_a = -\frac{D'}{c}\nabla c \tag{2-6}$$

式中　$v - v_a$——扩散速度，m/s；

　　　D'——质量扩散系数，m^2/s；

　　　c——相对浓度，kg/m^3。

当流体在宏观上为静止的情况下，则有扩散速度 v 及扩散流量 Q_{sc} 的表达式如下：

$$v = -\frac{D'}{c}\nabla c \tag{2-7}$$

$$Q_{sc} = -\frac{ARD'T_{sc}}{Mp_{sc}Z}\nabla c \tag{2-8}$$

式中　R——通用气体常数；

M——气体分子量；

A——面积或扩散通量，m^2；

T_{sc}——标准状况下温度，K；

p_{sc}——标准状况下压力，MPa；

Z——压缩因子。

通常来说，可以认为拟稳态扩散中总浓度对时间的变化率与浓度差值成正比，于是有：

$$\frac{dc_m}{dt} = D_m F_s (c_2 - c_m) \tag{2-9}$$

通过式（2-9）进而可以得到在（$\Delta x \Delta y \Delta z$）$m^3$ 的页岩储层中，球形基质块的扩散流量表达式：

$$q_m = F_G \frac{dc_m}{dt} \Delta x \Delta y \Delta z = \frac{6\pi^2}{r_m^2} D_m (c_2 - c_m) \Delta x \Delta y \Delta z \tag{2-10}$$

式中　D_m——页岩气质量扩散系数，m^2/s；

c_m——基于整体体积的气体浓度，kg/m^3；

c_2——基质岩块与裂缝系统交界面处页岩气体积浓度，kg/m^3；

t——时间，s；

F_s——形状因子，$1/m^2$；

q_m——球形基质块的扩散流量，$kg/(m^3 \cdot s)$；

F_G——几何因子；

r_m——基质块半径，m。

式（2-10）即为一般常用的拟稳定扩散的扩散量表达式。

Warren 和 Root，以及 Boyer 曾对不同形状基质块所对应的形状因子 F_s 和几何因子 F_G 的取值进行过研究，具体取值标准见表2-1。

表2-1　页岩基质岩块形状因子和几何因子取值

基质块形状	特征参数	形状因子 F_s	几何因子 F_G
块状	半厚度（h）	2	$\left(\dfrac{\pi}{2h}\right)^2 = \dfrac{2.4674}{h^2}$
圆柱体	圆柱体半径（r）	4	$\left(\dfrac{2.4082}{r}\right)^2 = \dfrac{5.7832}{r^2}$
球体	球体半径（r）	6	$\left(\dfrac{\pi}{r}\right)^2 = \dfrac{9.8696}{r^2}$

（2）页岩气非稳态扩散。

不稳定扩散则要复杂得多，这就要用到 Fick 第二定律，其表达式为：

$$\frac{\partial c}{\partial t} = \nabla \cdot \left(D \nabla c \right) \tag{2-11}$$

定义气体浓度：每立方米页岩基质中所含气体质量的千克数，那么气体密度的定义则为：每立方米孔隙空间中所含的气体质量的千克数，于是可以得到游离气浓度表达式：

$$c_1 = \rho_1 \phi_m = \frac{M p_m \phi_m}{RTZ} \tag{2-12}$$

式中　p_m——基质压力，MPa；

　　　ϕ_m——基质孔隙度。

根据先前的 Langmuir 定律考虑到吸附气浓度，于是可以得到基质块中基于整体体积的总浓度：

$$c_m = \frac{M p_m \phi_m}{RTZ} + \frac{V_\infty p_m}{p_L + p_m} \tag{2-13}$$

将式（2-13）代入式（2-11）中可以得到：

$$\frac{\partial}{\partial t} \left(\frac{M p_m \phi_m}{RTZ} + \frac{V_\infty p_m}{p_L + p_m} \right) = \nabla \cdot \left[D_m \nabla \left(\frac{M p_m \phi_m}{RTZ} + \frac{V_\infty p_m}{p_L + p_m} \right) \right] \tag{2-14}$$

若是对于球形基质块，则式（2-14）可以变化为：

$$\frac{\partial}{\partial t} \left(\frac{M p_m \phi_m}{RTZ} + \frac{V_\infty p_m}{p_L + p_m} \right) = \frac{3D}{R} \frac{\partial c_m}{\partial r_m} \bigg|_{r_m = R} \tag{2-15}$$

结合 Fick 第二定律可以得到球形基质块不稳定扩散表达式：

$$\frac{1}{r_m^2} \frac{\partial}{\partial r_m} \left(D r_m^2 \frac{\partial c_m}{\partial r_m} \right) = \frac{\partial c_m}{\partial t} \tag{2-16}$$

式中　c_m——基于整体体积的气体浓度，kg/m³；

　　　r_m——球形基质块半径，m。

3. 裂缝及微孔隙中渗流

综合国内外文献调研可知，页岩气在天然裂缝、人工压裂裂缝，以及页岩储层基质较大孔隙中的流动与常规气藏中的渗流相似，即在压力差的作用下沿着压力降低的方向进行层流流动。Darcy 公式可以用来描述该过程，即：

$$v = -\frac{K}{\mu} \Delta p \tag{2-17}$$

式中　v——气体渗流速度，m/s；

　　　μ——气体黏度，Pa·s；

　　　K——渗透率，m²。

第二节 页岩气返排规律

由于水平井钻井及水力压裂技术的广泛实施，页岩气藏的产量得到了大大提高。陆续产出的页岩气缓解了全球能源需求不断攀升的压力，但页岩气藏作为典型的非常规气藏，其储集方式和运移规律非常复杂，加之采用了水力压裂技术后，其储层气体产出不再像常规气藏那样单相流出，特别是在生产的前中期，流通通道内气体混杂了大量清水及少量压裂液同时流动。由于生产井压裂返排时间长短不等，部分页岩气井的返排持续时间甚至达到了数年之久，这种两相流动大大增加了页岩气藏压裂水平井实际生产效果评价的复杂性。

以页岩气压裂液侵入及返排机理为基础，分析页岩储层微观气水两相渗流特征，结合页岩气井实际生产情况，建立页岩气井压裂液返排模型，用于分析页岩气井压裂液返排规律，预测页岩气井压裂液返排量及其随生产时间的变化规律。

一、页岩气井压裂液返排模型

页岩气储层可分为裂缝系统与基质系统，其渗流过程由图 2-9 表示。裂缝系统表示页岩气储层中的天然裂缝与水力压裂裂缝系统，在储层改造过程中，压裂液完全波及此系统，在气井生产过程中，该系统中的自由气与压裂液不断返排至井筒，储层为气液两相渗流，并经由井筒到达地面（图 2-9）。在储层改造过程中，压裂液不能到达基质系统，因此基质系统中仅为单相流动，在气井生产过程中，其中的吸附气不断解离，补充到裂缝系统中，再经由井筒流至地面[137]。

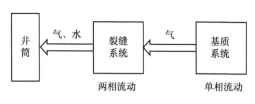

图 2-9 页岩气渗流系统

在页岩气的生产过程中，由于压裂液并未到达基质系统，压裂液的返排仅存在于裂缝系统到井筒中的流动过程，因此在建立页岩气井返排模型的时候，只考虑裂缝系统到井筒的气液两相流动过程。

根据 Jokhio 提出生产气水比可表示为气、水相对渗透率的比值，其表达式如下：

$$R_{\text{pgw}} = \frac{K_{\text{rg}}}{K_{\text{rw}}} = \left(\frac{B_{\text{g}} \mu_{\text{g}}}{B_{\text{w}} \mu_{\text{w}}} \right) \frac{Q_{\text{sc}}}{Q_{\text{w}}} \qquad (2\text{-}18)$$

式中　R_{pgw}——生产气水比，m^3/m^3；

　　　K_{rg}——气相相对渗透率；

　　　K_{rw}——水相相对渗透率；

　　　B_{g}——气体的体积系数；

　　　B_{w}——水的体积系数；

　　　μ_{g}——气相黏度，$Pa \cdot s$；

　　　μ_{w}——水相黏度，$Pa \cdot s$；

Q_{sc}——累计产气量，m^3；

Q_w——累计产水量，m^3。

整理得到：

$$\frac{K_{rw}}{K_{rg}} = \frac{Q_w B_w \mu_w}{Q_{sc} B_g \mu_g} \qquad (2\text{-}19)$$

根据两相渗流理论，式（2-19）左边项可表示为储层含气饱和度的函数：

$$f\left(S_g\right) = \frac{K_{rw}}{K_{rg}} \qquad (2\text{-}20)$$

式中　S_g——储层含气饱和度。

由页岩气储层实际情况，储层内水体全部由压裂时注入。页岩气井压裂改造完成后，气井近井地带被压裂液完全充满，近井地带含水饱和度趋近于1，含气饱和度趋近于0。随着压裂液的返排，气井近井地带含水饱和度可以表示为：

$$S_w = \frac{\left(W_{in} - W_p\right)B_w}{W_{in}B_{wi}} \qquad (2\text{-}21)$$

式中　W_p——返排液总量，m^3；

W_{in}——压裂注入总液量，m^3；

B_{wi}——水的原始体积系数。

令 $B_{wi}=B_w$，则式（2-21）可重写为：

$$S_w = \frac{W_{in} - W_p}{W_{in}} \qquad (2\text{-}22)$$

气井近井地带含气饱和度可以表示为：

$$S_g = \frac{W_p}{W_{in}} \qquad (2\text{-}23)$$

式（2-23）与压裂液返排率 R_R 表达式一致：

$$R_R = \frac{W_p}{W_{in}} \qquad (2\text{-}24)$$

结合得到：

$$f\left(R_R\right) = \frac{K_{rw}}{K_{rg}} \qquad (2\text{-}25)$$

由此获得返排率与气井储层的关系。

由上文的分析可以知道，基于气水两相相对渗透率的定义及两相渗流理论，可以推导出气井返排率与相对渗透率比值存在函数关系：

$$f(R_\mathrm{R}) = \frac{K_\mathrm{rw}}{K_\mathrm{rg}} = \frac{Q_\mathrm{w} B_\mathrm{w} \mu_\mathrm{w}}{Q_\mathrm{sc} B_\mathrm{g} \mu_\mathrm{g}} \qquad (2\text{-}26)$$

基于气井生产数据，确定气井不同生产时期的产气量、产水量，并通过拟合得到不同时期的测试流压，计算气井不同生产时期的水气相渗之比；基于气井压裂施工总注入液量与不同生产时期气井累计产水量，计算气井返排率；由此研究气井水气比随返排率的变化规律。

二、川南地区页岩气井分类研究

选取川南气田 88 口井进行了统计分析，由页岩气井产水产气量可以得出水气相对渗透率的比值，由页岩气井累计产水量可以得出不同时刻的返排率，拟合结果如图 2-10 至图 2-13 所示。

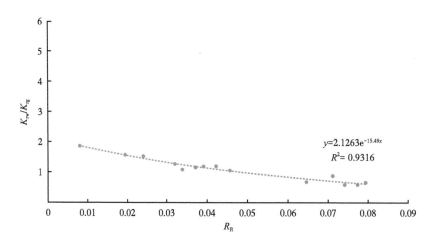

图 2-10　Lu203H6-3 井返排特征曲线

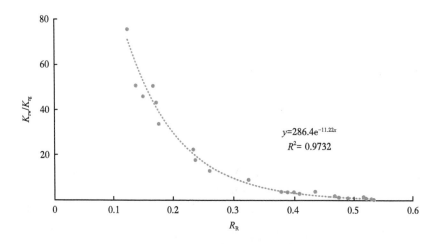

图 2-11　Zi201H53-1 井返排特征曲线

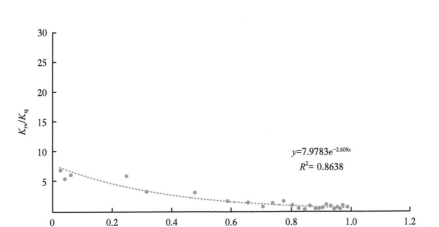

图 2-12　Wei211 井返排特征曲线

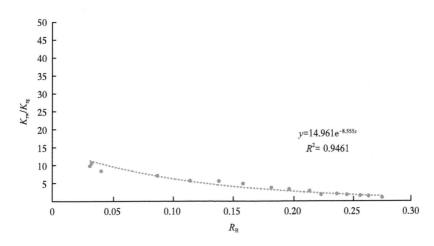

图 2-13　Lu209 井返排特征曲线

从以上拟合图像中可以看出，所选取的典型页岩气井均符合经验公式。拟合经验公式如下：

$$\frac{K_{rw}}{K_{rg}} = A e^{B(R_R)} \qquad (2-27)$$

式中　A，B——常数。

研究发现该关系为指数关系，其中 A 为初始返排系数，表征气井初始返排量，B 为返排递减系数，表征返排量递减快慢。根据 A、B 值，以及平均水气比的大小，可以将以上气井分为四类，见表 2-2。

第一类气井初始返排低、递减快；第二类气井初始返排高，递减快；第三类气井初始返排低，递减慢；第四类气井初始返排高，递减慢。

表 2-2　分类标准

第一类	$A < 8，B < -10$
第二类	$A > 8，B < -10$
第三类	$A < 8，B > -10$
第四类	$A > 8，B > -10$

三、典型井返排规律

88 口井中按照返排系数 A、B 分为四类，每一类分别挑选典型井进行实例分析。

1. 第一类气井

对于经验公式中常数 $A < 8, B < -10$ 的页岩气井，归为第一类井，包括 Lu203H6-3 井、Lu220 井等井。以 Lu203H6-3 井为例，其生产数据如图 2-14 所示。

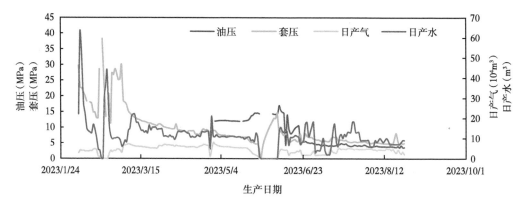

图 2-14　Lu203H6-3 井生产曲线

从图 2-14 中可以看出，第一类气井生产初期产水量小，递减速度快，但产气量一直较大，气井携液能力较好。当气井压力降低时，推荐采用优选管柱排水采气工艺，即适当更换较小直径的油管，使气流排速增大，达到排水采气的目的。在后期还可以注入起泡剂，采用泡沫排水采气工艺。

2. 第二类气井

对于经验公式中常数 $A > 8, B < -10$ 的页岩气井，归为第二类井，包括 Zi201H53-1 井、Zi201H53-4 井、Wei212 井等井。以 Zi201H53-1 井为例，其生产数据如图 2-15 所示。

从图 2-15 中可以看出，第二类气井生产初期，产水量大，压裂液返排率高，但递减速度快，中后期产水量低；生产初期产气量大，递减速度也较快。当气井压力变低时，推荐采用优选管柱排水采气工艺，更换较小直径的油管，增大页岩气的排速，达到排水采气的目的；由于生产初期产水量大，在此阶段可以采用气举排水生产，后期产水量较小，可以采用泡沫排水采气工艺。

3. 第三类气井

对于经验公式中常数 $A < 8, B > -10$ 的页岩气井，归为第三类井，如 Wei211 井、Zi211 井等井。以 Wei211 井为例，其生产数据如图 2-16 所示。

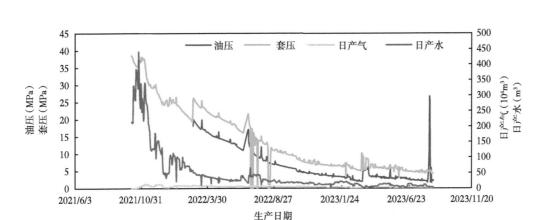

图 2-15　Zi201H53-1 井生产曲线

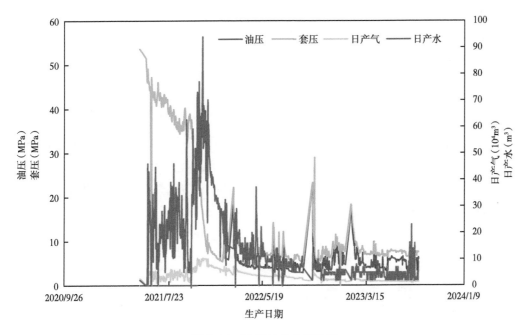

图 2-16　Wei211 井生产曲线

从图 2-16 中可以看出，第三类气井生产初期初始压裂液返排低，递减慢，产气量较为稳定。当气井压力降低时，推荐更换较小直径的油管，采用优选管柱排水采气工艺与泡沫排水采气相结合的排水方式。

4. 第四类气井

对于经验公式中常数 $A > 8$，$B > -10$ 的页岩气井，归为第四类井，包括 Lu209 井、Zi201H2-5 井、Wei214 井。以 Lu209 井为例，其生产数据如图 2-17 所示。

从图 2-17 中可以看出，第四类气井生产初期产水量大，初始压裂液返排率高，且递减速度慢，其产水量一直保持在较高水平上；相较于产水，气井产气量较小，并且产气量一直没有较大变化，保持在较低水平上。气井携液能力较差，容易形成积液，当气井压力降低时，推荐更换较小直径的油管，增大页岩气的排速，达到排水采气的目的，采用优选管柱排水采气工艺与泡沫排水采气相结合的排水方式。

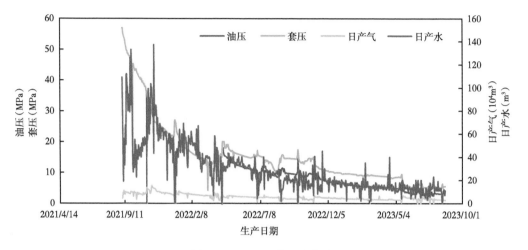

图 2-17　Lu209 井生产曲线

第三节　页岩气压窜机理及计算

随着国内页岩气勘探开发提速，由于开发成本的限制，页岩气均采用平台化部署水平井、"工厂化"钻井和压裂，以及大规模连续作业方式，以实现经济高效开发。在开发模式上，普遍采用开发初期大井距，后期加密的"滚动开发"方案，降低开发风险。但大规模水力压裂会形成大型复杂缝网，加密井或井间距较小的井压裂易与邻井产生压窜。因此，研究压窜机理和压窜模型是十分重要的。

一、压窜机理

页岩储层极为致密，水力压裂是目前有效开采页岩气的必要手段。我国页岩气压裂先后经历了直井压裂、水平井分段多簇压裂、多井组工厂化压裂三个大的发展阶段。在页岩气开发过程中，井间距不断缩小以提高最终可采储量，而大规模压裂施工模式下，裂缝过度扩展易导致井间发生窜扰，出现压窜。压窜是指一口井压裂时与邻井连通，导致邻井产液量突然大幅上升、套压上升、产气量大幅下降。随着页岩气滚动开发的进行，压窜现象越来越严重，严重影响页岩气井产能发挥。

压窜发生的实质是由于老井压力衰竭，新井压裂时井间压差较大，裂缝沿着压力较低区域不规则扩展，导致井间压窜连通。按照连通方式可将压窜分为 3 种类型（图 2-18）：一是通过两口井的压裂裂缝直接沟通；二是通过天然裂缝沟通；三是压裂裂缝与井筒直接连通[138]。此外还有一种仅通过压力传播影响邻井的压窜方式，该方式由于没有直接的压裂液侵入邻井，对邻井的影响有限，且邻井能够很快恢复至以前的生产水平。

其中，通过压裂裂缝与井筒直接连通［图 2-18（c）］产生的干扰程度最大，不仅会对邻井的产能造成影响，同时还会增加邻井套管损害的风险。

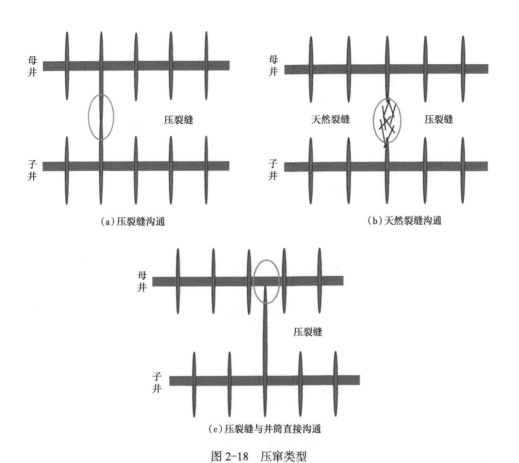

(a)压裂缝沟通　　　　　　　　　　　(b)天然裂缝沟通

(c)压裂缝与井筒直接沟通

图 2-18　压窜类型

二、压窜井物质平衡方程及压裂液侵入量计算方法

考虑内邻井压裂液侵入前后，储层内各流体的体积变化，建立压窜物理模型，推导物质平衡方程并求解。

1. 压窜物理模型

以页岩气压窜井为对象建立物质平衡方程的物理模型，需考虑内邻井压裂液侵入前后，储层内各流体的体积变化，如图 2-19 所示。为简化物质平衡方程的推导，物理模型的建立做出了以下假设：

（1）页岩气储层为等温系统。

（2）储层内水的矿化度保持不变。

（3）页岩气的主要成分为甲烷，其他组分含量较少，页岩气为单组分体系。

（4）地层吸附相密度为定值。

（5）页岩储层分为基质与裂缝 2 个系统。

（6）储层内基质系统和裂缝系统均可压缩。

（7）裂缝系统内的压裂液量远大于基质系统。

（8）邻井压裂液侵入储层后，优先进入裂缝系统。

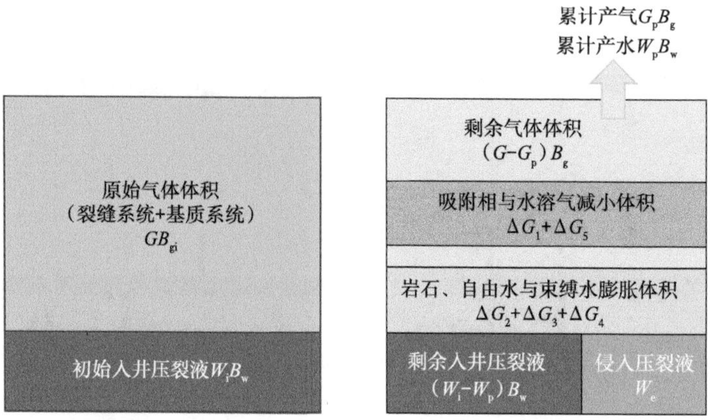

累计产气$G_p B_g$
累计产水$W_p B_w$

剩余气体体积
$(G-G_p)B_g$

吸附相与水溶气减小体积
$\Delta G_1 + \Delta G_5$

岩石、自由水与束缚水膨胀体积
$\Delta G_2 + \Delta G_3 + \Delta G_4$

原始气体体积
（裂缝系统+基质系统）
GB_{gi}

剩余入井压裂液
$(W_i - W_p)B_w$

侵入压裂液
W_e

初始入井压裂液$W_i B_w$

压裂改造后地层压力p_i　　　压窜时地层压力p

图 2-19　页岩气压窜井物理模型

2. 物质平衡方程推导

页岩气井完成压裂改造后，其储层内的流体体积为：

$$V_i = (G_m + G_f)B_{gi} + W_i B_{wi} \qquad (2-28)$$

式中　V_i——压窜改造后的储层内流体体积，m^3；

$\quad\quad G_m$——储层基质系统气体体积，m^3；

$\quad\quad G_f$——储层裂缝系统气体体积，m^3；

$\quad\quad B_{gi}$——原始地层压力下的气体体积系数，m^3/m^3；

$\quad\quad W_i$——页岩气井压裂改造过程中进入储层的压裂液体积，m^3；

$\quad\quad B_{wi}$——原始地层压力下的地层水体积系数，m^3/m^3。

气井生产一段时间后被邻井压裂液侵入，其储层内的各流体体积发生变化，此时储层内剩余游离气和剩余原始压裂液占据的孔隙体积、岩石和水体（包括束缚水和自由水）膨胀的体积、吸附相减少的体积、水溶气减少的体积与邻井侵入压裂液占据的体积之和等于气井压裂改造后的原始孔隙体积，即储层内流体体积表示为：

$$V = (G_m + G_f - G_p)B_g + (W_i - W_p)B_w - \Delta G_1 + \Delta G_2 + \Delta G_3 + \Delta G_4 - \Delta G_5 + W_e \qquad (2-29)$$

式中　V——气井被邻井压裂液侵入时的储层内流体体积，m^3；

$\quad\quad G_p$——累计产气量，m^3；

$\quad\quad B_g$——地层压力p下对应的气体体积系数，m^3/m^3；

$\quad\quad W_p$——累计产液量，m^3；

$\quad\quad B_w$——地层压力p下对应的地层水体积系数，m^3/m^3；

$\quad\quad \Delta G_1$——吸附相减少的体积，m^3；

$\quad\quad \Delta G_2$——岩石膨胀体积，m^3；

$\quad\quad \Delta G_3$——束缚水膨胀体积，m^3；

$\quad\quad \Delta G_4$——自由水膨胀体积，m^3；

ΔG_5——水溶气减少的体积，m^3；

W_e——邻井侵入的压裂液量，m^3。

其中吸附相减少的体积的表达式为：

$$\Delta G_1 = \frac{G_m B_{gi} \rho_b}{\phi_m (1 - S_{mwc})} \left(\frac{V_L p_i}{p_L + p_i} - \frac{V_L p}{p_L + p} \right) \frac{\rho_{gsc}}{\rho_s} \qquad (2-30)$$

式中　ρ_b——储层岩石密度，g/cm^3；

ϕ_m——基质孔隙度；

S_{mwc}——基质束缚水饱和度；

V_L——兰式体积，m^3/t；

p_L——兰式压力，MPa；

p_i——原始地层压力，MPa；

p——目前地层压力，MPa；

ρ_{gsc}——标况下的天然气密度，g/cm^3；

ρ_s——吸附层密度，g/cm^3。

岩石膨胀体积的表达式为：

$$\Delta G_2 = \left(\frac{G_m C_m}{1 - S_{mwc}} + \frac{G_f C_f}{1 - S_{fwc}} \right) B_{gi} (p_i - p) \qquad (2-31)$$

式中　C_m——基质压缩系数，MPa^{-1}；

C_f——裂缝压缩系数，MPa^{-1}；

S_{fwc}——裂缝束缚水饱和度。

束缚水膨胀体积的表达式为：

$$\Delta G_3 = \left(\frac{G_m B_{gi} C_w S_{mwc}}{1 - S_{mwc}} + \frac{G_f B_{gi} C_f S_{fwc}}{1 - S_{fwc}} \right) (p_i - p) \qquad (2-32)$$

式中　C_w——地层水压缩系数，MPa^{-1}。

自由水膨胀体积的表达式为：

$$\Delta G_4 = \left(\frac{G_m B_{gi} M_m}{1 - S_{mwc}} + \frac{G_f B_{gi} M_f}{1 - S_{fwc}} \right) \frac{B_w - B_{wi}}{B_{wi}} \qquad (2-33)$$

式中　M_m——基质水体倍数；

M_f——裂缝水体倍数。

水溶气减少体积的表达式为：

$$\Delta G_5 = \left(\frac{G_m B_{gi} S_{mwc}}{1 - S_{mwc}} + \frac{G_f B_{gi} S_{fwc}}{1 - S_{fwc}} + \frac{G_m B_{gi} M_m}{1 - S_{mwc}} + \frac{G_f B_{gi} M_f}{1 - S_{fwc}} + W_i B_{wi} \right) (R_{swi} - R_{sw}) -$$
$$(\Delta G_3 + \Delta G_4 - W_p B_w) R_{sw} \qquad (2-34)$$

式中　R_{swi}——原始地层压力下的溶解气水比，m^3/m^3；

　　　R_{sw}——目前地层压力下的溶解气水比，m^3/m^3。

根据页岩气储层体积平衡原理，压裂液侵入储层前后的体积相等，即有 $V_i=V$：

$$GB_{gi} + W_iB_{wi} = (G - G_p)B_g + (W_i - W_p)B_w - \Delta G_1 + \Delta G_2 + \Delta G_3 + \Delta G_4 - \Delta G_5 + W_e \qquad (2-35)$$

3. 物质平衡方程求解

在模型求解过程中，对方程（2-35）进行合并整理，变形结果为：

$$
\begin{aligned}
&G_pB_g + W_pB_w(1 + R_{sw}) + W_iB_{wi}\Delta R_{sw} = W_e + \\
&G_f\left\{\Delta B_g + \frac{B_{gi}}{1 - S_{fwc}}\left[C_f\Delta p + C_wS_{fwc}(1 + R_{sw})\Delta p - (M_f + S_{fwc})\Delta R_{sw}\right]\right\} + \\
&G_m\left(\Delta B_g + \frac{B_{gi}}{1 - S_{mwc}}\left\{\begin{aligned}&[C_m + C_wS_{mwc}(1 + R_{sw})]\Delta p - (M_m + S_{mwc})\Delta R_{sw}\\&-\frac{\rho_b\rho_{gsc}}{\phi_m\rho_s}\left(\frac{V_Lp_i}{p_L + p_i} - \frac{V_Lp}{p_L + p}\right)\end{aligned}\right\}\right)
\end{aligned}
\qquad (2-36)
$$

其中：$\Delta B_g = B_g - B_{gi}$；$\Delta p = p_i - p$；$\Delta R_{sw} = R_{swi} - R_{sw}$。

对式（2-36）进行线性化处理，令：

$$
\begin{aligned}
x &= \Delta B_g + \frac{B_{gi}}{1 - S_{fwc}}\left\{[C_f + C_wS_{fwc}(1 + R_{sw})]\Delta p - (M_f + S_{fwc})\Delta R_{sw}\right\} \\
y &= \Delta B_g + \frac{B_{gi}}{1 - S_{mwc}}\left\{\begin{aligned}&[C_m + C_wS_{mwc}(1 + R_{sw})]\Delta p - (M_m + S_{mwc})\Delta R_{sw}\\&-\frac{\rho_b\rho_{gsc}}{\phi_m\rho_s}\left(\frac{V_Lp_i}{p_L + p_i} - \frac{V_Lp}{p_L + p}\right)\end{aligned}\right\} \\
z &= G_pB_g + W_pB_w(1 + R_{sw}) + W_iB_{wi}\Delta R_{sw}
\end{aligned}
$$

最终化简结果为：

$$\frac{z}{x} = \frac{y}{x}G_m + G_f + \frac{W_e}{x} \qquad (2-37)$$

在页岩气井未被邻井压裂液侵入时，$W_e=0$，此时式（2-37）可改写为：

$$\frac{z}{x} = \frac{y}{x}G_m + G_f \qquad (2-38)$$

模型求解时，通过气井前期正常生产时的生产数据，计算 z/x 和 y/x，并通过线性回归拟合得到基质系统储量，截距为裂缝系统储量；取页岩气井发生压窜后的生产数据，计算 z/x 和 y/x，代入储量计算结果，即可得到压窜过程中的邻井压裂液侵入量。

通过对气井产水量和返排特征函数分析，发现共有 24 口压窜井，如 Lu203H1-1 井、Lu203H1-4 井、Lu203H5-1 井、Lu203H5-2 井、Lu203H6-1 井、Lu203H6-2 井、Lu203H7-1 井、Lu203H7-2 井、Dong202-H1 井、Tan101H 井、Wei202 井等。

三、压窜井实例分析

对 Lu203H1-1 井、Lu203H5-1 井、Lu203H6-4 井 3 口压窜井分析压窜对 EUR 的影响。

1. Lu203H1-1 井

（1）生产简况。

Lu203H1-1 井于 2021 年 12 月 1 日开始生产，截至 2023 年 8 月 24 日，该井累计产气 $0.37×10^8 \text{m}^3$，累计产水 40662.3m^3，其生产曲线如图 2-20 所示。

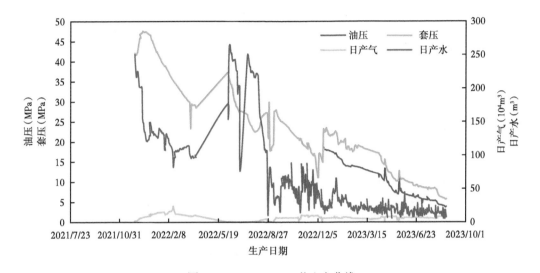

图 2-20　Lu203H1-1 井生产曲线

（2）气井压裂液返排规律核实。

根据页岩气井压裂液返排规律研究结果（图 2-21），Lu203H1-1 井于 2022 年 4 月 5 日产水量突然增大，K_{rw}/K_{rg} 增大，即发生压窜。

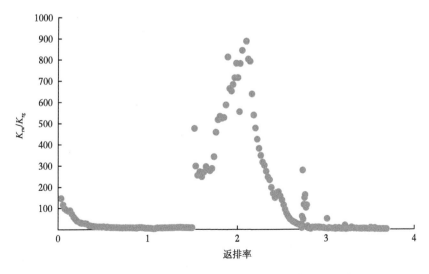

图 2-21　Lu203H1-1 井气水相渗比与返排率关系曲线

（3）压窜前后 EUR 预测。

通过页岩气井生产数据拟合方法，确定气井产气能力与可采储量。利用 Lu203H1-1 井生产过程中的井底流压测试数据，使用 Lu203H1-1 井产气量、产水量等生产数据作为已知参数，分别以压窜前后时期的 Lu203H1-1 井实测井底流压为拟合目标，通过调整新模型参数，使得预测气井井底流压与实测值一致，由此确定气井产能与可采储量，如图 2-22 和图 2-23 所示。

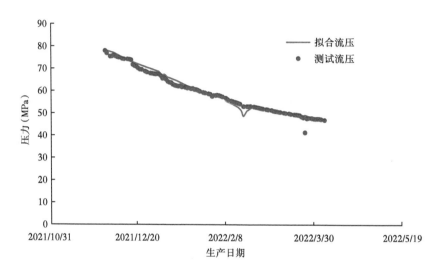

图 2-22　Lu203H1-1 井压窜前井底流压拟合曲线

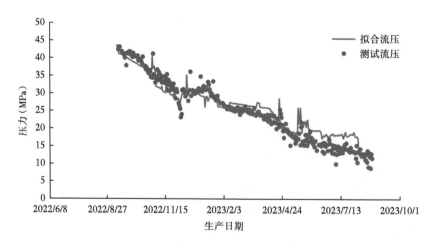

图 2-23　Lu203H1-1 井压窜后井底流压拟合曲线

基于页岩气井生产数据拟合方法，求得 Lu203H1-1 井压窜前可采储量为 $1.30×10^8 m^3$；Lu203H1-1 井压窜后可采储量为 $1.09×10^8 m^3$。压窜后的降幅为 16.13%。

2. Lu203H5-1 井

（1）生产简况。

Lu203H5-1 井于 2022 年 4 月 20 日开始生产，截至 2023 年 8 月 24 日，该井累计产气

$0.28×10^8 m^3$，累计产水 $17420.3m^3$，其生产曲线如图 2-24 所示。

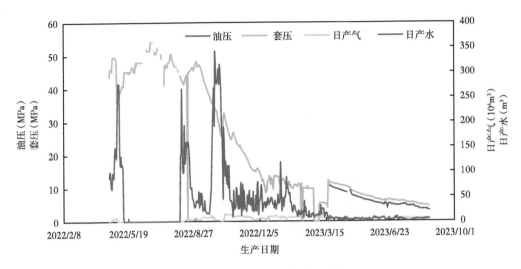

图 2-24 Lu203H5-1 井生产曲线

（2）气井压裂液返排规律核实。

根据页岩气井压裂液返排规律研究结果（图 2-25），Lu203H5-1 井于 2022 年 9 月 25 日产水量突然增大，K_{rw}/K_{rg} 增大，即发生压窜。

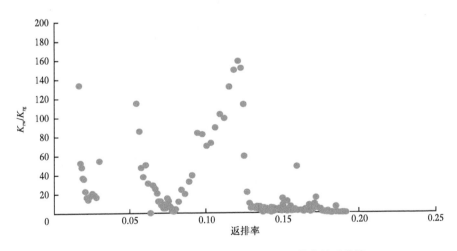

图 2-25 Lu203H5-1 井气水相渗比与返排率关系曲线

（3）压窜前后 EUR 预测。

通过页岩气井生产数据拟合方法，确定气井产气能力与可采储量。利用 Lu203H5-1 井生产过程中的井底流压测试数据，使用 Lu203H5-1 井产气量、产水量等生产数据作为已知参数，分别以压窜前后时期的 Lu203H5-1 井实测井底流压为拟合目标，通过调整新模型参数，使得预测气井井底流压与实测值一致，由此确定气井产能与可采储量，如图 2-26 和图 2-27 所示。

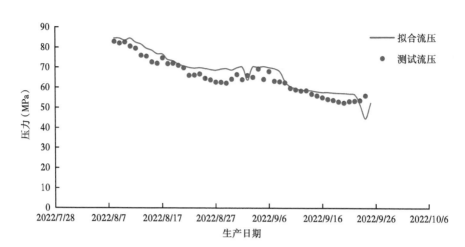

图 2-26　Lu203H5-1 井压窜前井底流压拟合曲线

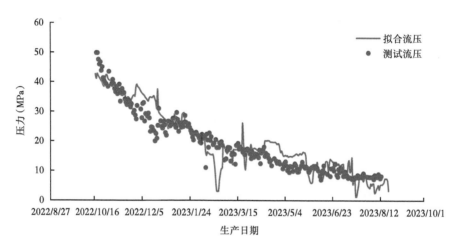

图 2-27　Lu203H5-1 井压窜后井底流压拟合曲线

基于页岩气井生产数据拟合方法，求得 Lu203H5-1 井压窜前可采储量为 $1.16 \times 10^8 m^3$；Lu203H5-1 井压窜后可采储量为 $0.94 \times 10^8 m^3$。压窜后的降幅为 18.78%。

3. Lu203H6-4 井

（1）生产简况。

Lu203H6-4 井于 2023 年 2 月 8 日开始生产，截至 2023 年 8 月 24 日，该井累计产气 $0.09 \times 10^8 m^3$，累计产水 $2236.8 m^3$，其生产曲线如图 2-28 所示。

（2）气井压裂液返排规律核实。

根据页岩气井压裂液返排规律研究结果（图 2-29），Lu203H6-4 井于 2023 年 5 月 13 日产水量突然增大，K_{rw}/K_{rg} 增大，即发生压窜。

（3）压窜前后 EUR 预测。

通过页岩气井生产数据拟合方法，确定气井产气能力与可采储量。利用 Lu203H6-4 井生产过程中的井底流压测试数据，使用 Lu203H6-4 井产气量、产水量等生产数据作为已知参数，分别以压窜前后时期的 Lu203H6-4 井实测井底流压为拟合目标，通过调整新模型参数，使得预测气井井底流压与实测值一致，由此确定气井产能与可采储量，如图 2-30 和图 2-31 所示。

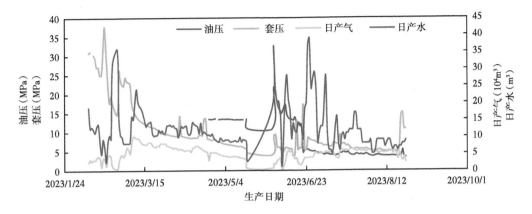

图 2-28 Lu203H6-4 井生产曲线

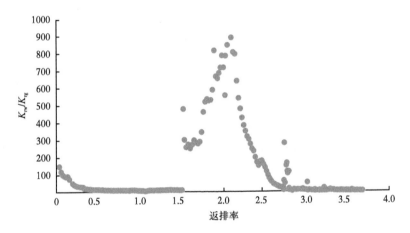

图 2-29 Lu203H6-4 井气水相渗比与返排率关系曲线

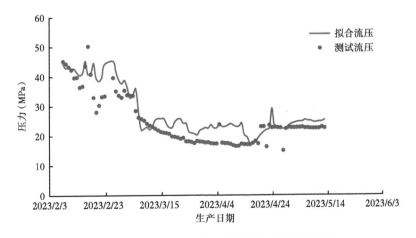

图 2-30 Lu203H6-4 井压窜前井底流压拟合曲线

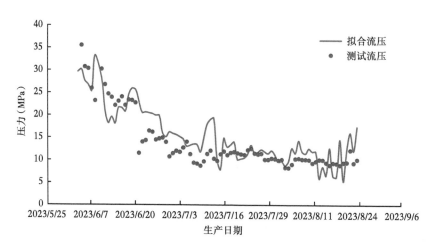

图 2-31　Lu203H6-4 井压窜后井底流压拟合曲线

基于页岩气井生产数据拟合方法，求得 Lu203H6-4 井压窜前可采储量为 $1.04×10^8m^3$；Lu203H6-4 井压窜后可采储量为 $0.86×10^8m^3$。压窜后的降幅为 17.05%。

四、压窜井对 EUR 的影响分析

基于页岩气井生产数据拟合方法，计算 3 口实例井压窜前后的 EUR，结果见表 2-3，压窜后气井 EUR 均减小，且降幅为 16.13%~18.78%。

Lu203H6、Lu203H7 平台生产井窜后通过工艺介入等措施，增大排液，稳定压力，通过尽早排出单井控制区域内侵入的压裂液，可以达到解除积液、恢复产能、提高产量的目的。

表 2-3　Lu203H6、Lu203H7 平台压窜分析

井号（泸 203）	压窜前		压窜期				恢复期		
	井口压力（MPa）	日产气量（10⁴m³）	压窜时间	日产气量（10⁴m³）	侵入量（m³）	排液量（m³）	井口压力（MPa）	日产气量（10⁴m³）	恢复程度（%）
H6-5	3.94	2.62	2022 年 4 月	0.21	3660.40	1360	—	—	未复产
			2022 年 6 月	0.04	4530.27	3447	4.21	1.53	58.40
H6-6	4.01	4.21	2022 年 4 月	0.73	3271.08	3044	4.19	3.53	83.85
	4.17	3.51	2022 年 6 月	0.07	4957.70	3719	4.31	2.19	62.39
H6-7	4.40	3.17	2022 年 6 月	0.32	3043.14	2590	4.30	2.44	76.97
H6-8	4.04	3.70	2022 年 6 月	0.64	3418.94	2634	3.81	2.42	65.41
H7-1	10.93	6.53	2022 年 5 月	0.25	3874.43	3214	7.47	5.07	77.64
H7-2	9.74	6.77	2022 年 5 月	0.51	4007.94	3475	6.53	5.28	77.99

第三章 最优气液两相流井筒流动模型

本章通过研究水平段两相流的四种流动形态，针对不同井段制定相应的流型划分准则。调研国内外经典井筒多相流压降模型（Hagedorn & Brown 法、Orkiszewski 法、Aziz & Govier 法、Chierice 法、Hasan & Kabir 法等），对常用压降模型及井筒温度预测模型进行修正并联立得到页岩气井筒温度压力耦合模型。对比实测气井模型计算结果，建立川南页岩气井筒多相模型，可较为准确描述川南页岩气井筒多相流动。

第一节 井筒多相流流型

为了能够准确地计算水平段多相流的压降，首先需要对水平段两相流的流动形态进行研究。参照了水平圆管多相流流型划分方法，最终认为水平井筒中多相流主要分为以下四种流动形态：分层流、间歇流、分散泡状流和环雾流。其中分层流包括层状流和波状流；间歇流包括段塞流和弹状流；环雾流包括环空流和雾状流。

一、井筒垂直段流型

对于垂直上升管两相流流型的预测，常见的经验流型图有 Duns & Ros 流型图[7]、Hewitt & Roberts 流型图[139]、Aziz 流型图[140]、Gould 流型图[141]，其中最为常用的是 Duns & Ros 流型图。

1963 年，Duns 和 Ros[7] 在 32.0~142.3mm 不等的垂直管中开展了油—气两相流实验，实验数据的范围见表 3-1。

表 3-1 Duns & Ros 流型图的适用范围

名称	适用范围
管子的内直径 D（mm）	32~142.3
液相密度 ρ_1（kg/m³）	828~1000
表面张力 σ（mN/m）	24.5~72.0
气相表观速度 v_{sg}（m/s）	0~100
液相表观速度 v_{sl}（m/s）	0~3.2

根据实验得到的近 20000 个数据点，以无量纲气相、液相速度准数为横、纵坐标绘制了垂直管流型图[142]，如图 3-1 所示，图中Ⅰ区液相为连续相，包括泡状流、弹状流和部分沫状流；Ⅱ区液相、气相交替出现，包括段塞流和沫状流其余部分；Ⅲ区为雾状流

区域，气相为连续相。Ⅱ区中的 H 区为湍喷，该区域气弹顶部逐渐变平，流动状态极不稳定。

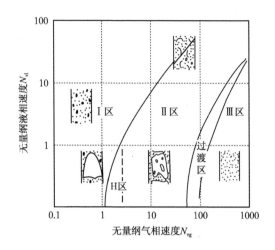

图 3-1　Duns & Ros 流型图

二、井筒倾斜段流型

目前对倾斜管段的流型图的研究相对较少，1972 年 Gould[141] 在倾角为 45°、管径为 25mm 的倾斜上升管中开展了空气—水两相流实验，以气相、液相无量纲速度准数为横、纵坐标绘制了相应管斜的流型图，将倾斜管流型划分为泡状流、弹状流、块状流、环状流 4 种，如图 3-2 所示。

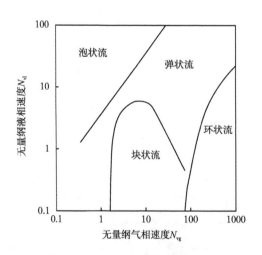

图 3-2　Gould 流型图（倾角 45°）

三、井筒水平段流型

压裂水平井开发有水气藏过程中，多相流体沿压裂段径向流入水平井。这注定了水平段多相管流与普通地面管道多相流存在区别。

1. 井筒水平段流型图版

对于水平井段流型的预测，常见的经验流型图有 Goiver 流型图[143] 和 Mandhane 流型图[144]。1973 年，Mandhane 等开展了气液两相流动实验，获得近 6000 个实验数据点，其流型图实验数据的范围见表 3-2。

表 3-2　Mandhane 流型图的适用范围

名称	适用范围
管子的内直径 D（mm）	12.7~165.1
液相密度 ρ_l（kg/m³）	705~1009
气相密度 ρ_g（kg/m³）	0.8~50.5
液相动力黏度 μ_l（mPa·s）	0.3~90
气相动力黏度 μ_g（mPa·s）	0.01~0.022
表面张力 σ（mN/m）	24~103
气相表观速度 v_{sg}（m/s）	0.04~171
液相表观速度 v_{sl}（m/s）	0.09~731

Mandhane 等以气相、液相表观流速为横、纵坐标绘制了水平管流型图，如图 3-3 所示。

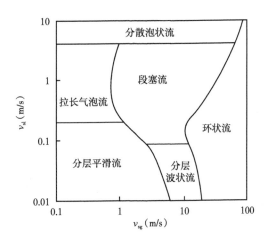

图 3-3　Mandhane 流型图

2. 水平段流型转变条件

下文简要介绍水平段多相流不同流型划分与转变条件。

（1）多相分层流流型稳定性准则。

分层流流型如图 3-4 所示，根据 Klevin & Helmholtz 的界面不稳定理论[145]，结合 Taitel & Dukler 的气水界面小波理论，得到水平井筒中波的成长条件为：

$$p - p' > \left(h_g - h_g' \right) \left(\rho_w - \rho_g \right) g + \frac{1}{2} \rho_{im} v_{im} \left| v_{im} \right| \frac{h_g - h_g'}{D} \tag{3-1}$$

式中　p，p'——微元段入口、出口端压力，Pa；

　　　h_g，h_g'——微元段入口、出口端气相高度，m；

　　　ρ_w，ρ_g——水相、气相密度，kg/m^3；

　　　g——重力加速度，m/s^2；

　　　D——管径，m；

　　　ρ_{im}——径向入流混合物密度，kg/m^3；

　　　v_{im}——径向入流混合物流速，m/s；

　　　i——第 i 微元段。

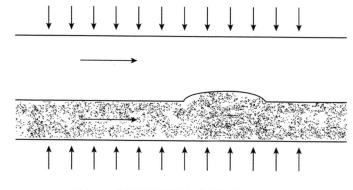

图 3-4　水平段微元多相分层流流型示意图

同时结合伯努利方程[146]：

$$p - p' = \frac{1}{2} \rho_g \left(v_g'^2 - v_g^2 \right) \tag{3-2}$$

式中　v_g，v_g'——微元段入口、出口端气相流速，m/s。

整理可以得到：

$$v_g'^2 - v_g^2 > \frac{2 \left(h_g - h_g' \right) \left(\rho_w - \rho_g \right) g}{\rho_g} + \frac{\rho_{im} v_{im} \left| v_{im} \right| \left(h_g - h_g' \right)}{\rho_g D} \tag{3-3}$$

又从气相连续性方程可知：

$$v_g A_g = v_g' A_g' \tag{3-4}$$

式中　A_g，A_g'——微元段入口、出口端气相横截面积，m^2。

由此将式（3-3）变形可得到：

$$v_g^2 > \frac{\left(h_w' - h_w \right) h_g'^2}{h_g^2 - h_g'^2} \left[\frac{2 \left(\rho_w - \rho_g \right) g}{\rho_g} + \frac{\rho_{im} v_{im} \left| v_{im} \right|}{\rho_g D} \right] \tag{3-5}$$

式中 h_w，h_w'——微元段入口、出口端水相高度，m。

根据 Taitel & Dukler 的研究成果 $\frac{A_g'}{A_g} = 1 - \frac{h_w}{D}$，代入式（3-5）得：

$$v_g > \left(1 - \frac{h_w}{D}\right)\sqrt{\frac{A_g}{2\sqrt{h_w(D - h_w)}}\left[\frac{1}{\rho_g}(\rho_w - \rho_g)g + \frac{\rho_{im}v_{im}|v_{im}|}{2\rho_g D}\right]} \tag{3-6}$$

（2）多相分散泡状流流型稳定性准则。

分散泡状流中液相是连续相，气泡是非连续相。气泡在水平段内的受力分析如图 3-5 所示。

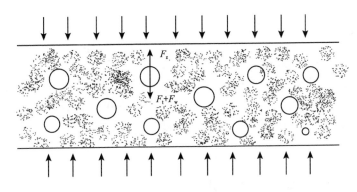

图 3-5 水平段微元多相分散泡状流流型示意图

根据阿基米德定理 $F_{浮} = \rho g V_{排}$ 可知直径为 d（单位：m）的气泡在液体中所受到的浮力为：

$$F_z = (\rho_w - \rho_g)\frac{\pi d^3}{6}g \tag{3-7}$$

Levich 指出气泡受到的紊流力为：

$$F_t = \frac{1}{2}\rho_w \overline{v}^2 \frac{\pi d^2}{4} \tag{3-8}$$

式中 $\overline{v}$——平均径向流速，m/s。

Barner 给出了该平均径向速度的计算方法：

$$\overline{v}^2 = \frac{1}{2}f_m v_m^2 \tag{3-9}$$

式中 f_m——考虑径向入流影响的管壁摩擦系数；
v_m——轴向混合物流速，m/s。

Pozrikidis[147] 在其专著中提出，由于井筒壁面入流的影响，井筒中两相混合物内的气泡将受到拉力，计算方法为：

$$F_w = \frac{2 + 3\mu}{1 + \mu}\mu_w v_{im}\pi d \tag{3-10}$$

式中 μ——多相流黏度比；

μ_w——水相黏度，Pa·s。

当满足条件 $F_t + F_w > F_z$ 时，分散泡状流中分散的小气泡不会向井壁上方移动并聚集进而形成间歇流。稳定的分散泡状流可表示为：

$$\frac{1}{2}\rho_w \bar{v}^2 \frac{\pi d^2}{4} + \frac{2+3\mu}{1+\mu}\mu_w v_{im}\pi d > \left(\rho_w - \rho_g\right)\frac{\pi d^3}{6}g$$

其中两相流中的分散相直径 d 结合 Hinze 和 Taitel 的研究成果：

$$d = 1.14\left(\frac{\sigma}{\rho_w}\right)^{\frac{3}{5}}\left(\frac{2f_m v_m^3}{D}\right)^{-\frac{2}{5}} \tag{3-11}$$

与常规管道中多相分散泡状流类似，若要保持水平井筒中小气泡的分散状态，除了小气泡直径需满足以上推导的条件外，井筒中的多相流还需要满足一个最低的持液率数值。否则，在高紊流状态时分散泡状流同样可能转变成间歇流。通过实验研究，这个临界持液率值为 0.48。将这个临界值转换成两相表观速度的关系如下：

$$v_{sw} \geqslant 0.92 v_{sg} \tag{3-12}$$

（3）多相环空雾状流流型稳定性准则。

Barner 经过研究证明，当持液率 $H_w > 0.24$ 时，环空雾状流将向间歇流进行转变。由此可知，当持液率 $H_w \leqslant 0.24$ 时，多相环雾流能够保持稳定。因此，只需要利用 Beggs & Brill 的方法计算出环空雾状流的持液率数值便能解决这个问题。

环空雾状流持液率为：

$$H_w = \frac{0.98\lambda_w^{0.0868}}{N_{FR}^{0.4846}} \tag{3-13}$$

式中 λ_w——体积含水率；

N_{FR}——弗劳德常数（Froude number）。

第二节　多相管流压降模型

1964 年 Duns 和 Ros 在实验室研究气液两相流至今，气液两相流的理论已发展成流体力学中的新分支。仅针对石油矿场垂直井气液两相流已发表的计算方法就很多。例如：Hagedorn & Brown 法[8]、Orkiszewski 法[9]、Aziz & Govier 法[11]，以及 1988 年发表的 Hasan & Kabir[31] 计算方法等，都是目前可行并为矿场采用的方法。

一、Hagedorn & Brown 模型

Hagedorn 和 Brown[8] 基于所假设的压力梯度模型，根据大量的现场试验数据反算持液率，提出了用于各种流型下的两相垂直上升管流压降关系式。此压降关系式不需要判别

流型，适用于产水气井流动条件。由于动能变化引起的压降梯度非常小可忽略不计，故压降方程为：

$$\frac{\mathrm{d}p}{\mathrm{d}z} = \rho_m g + f_m \frac{G_m^2}{2DA^2\rho_m} \tag{3-14}$$

其中

$$v_{SG} = q_G/A, \ v_{SL} = q_L/A$$

$$\rho_m = \rho_L H_L + \rho_G (1-H_L)$$

式中　H_L——持液率；

G_m——气液混合物质量流量，kg/s；

q_G，q_L——气相、液相体积流量，m³/s；

v_{SG}，v_{SL}——气相、液相表观流速，m/s；

ρ_G，ρ_L，ρ_m——气相、液相、气液混合物密度，kg/m³。

两相摩阻系数 f_m 采用 Jain 公式计算：

$$1/\sqrt{f_m} = 1.14 - 2\lg\left(e/D + 21.25/N_{Re}^{0.9}\right) \tag{3-15}$$

两相雷诺数由式（3-16）计算：

$$N_{Rem} = \frac{\rho_{ns} v_m D}{\mu_m} \tag{3-16}$$

其中

$$v_m = v_{SL} + v_{SG}$$

$$\mu_m = \mu_L^{H_L} \mu_G^{(1-H_L)}$$

式中　v_m——混合物流速，m/s；

ρ_{ns}——无滑脱混合物密度，kg/m³；

μ_G，μ_L——气相、液相黏度，Pa·s；

μ_m——混合物黏度，Pa·s。

Hagedorn 和 Brown 在试验井中进行两相流实验，得出了持液率的三条相关曲线。使用这三条曲线时，需要计算下列四个无量纲量：

液相速度数：

$$N_{LV} = v_{SL} \left(\rho_L / g\sigma\right)^{1/4} \tag{3-17}$$

气相速度数：

$$N_{GV} = v_{SG} \left(\rho_L / g\sigma\right)^{1/4} \tag{3-18}$$

液相黏度数：

$$N_L = \mu_L \left(g/\rho_L\sigma^3\right)^{1/4} \tag{3-19}$$

管径数：

$$N_D = D(\rho_L g / \sigma)^{\frac{1}{2}} \qquad (3\text{-}20)$$

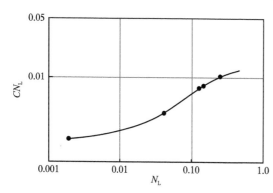

图 3-6　N_L 与 CN_L 关系

式中　σ——液体表面张力，N/m。

H_L 计算步骤如下：

（1）计算流动条件下的上述四个无量纲量；

（2）由 N_L—CN_L 关系曲线图 3-6，根据 N_L 确定 CN_L 值；

（3）由图 3-7 确定比值 H_L/Ψ；

（4）由图 3-8 确定 Ψ 值；

（5）计算 $H_L = (H_L/\Psi)\Psi$。

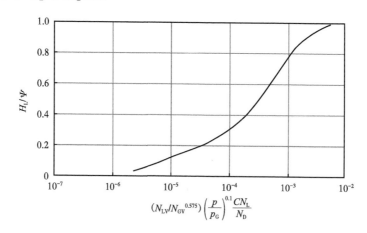

图 3-7　持液率系数

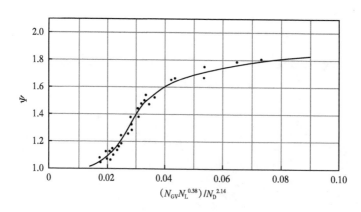

图 3-8　修正系数

二、Duns & Ros 模型

Duns 和 Ros[7] 对影响两相管流中的 13 个变量进行了无量纲分析。对无量纲分析确立的 10 个无量纲量进行了深入研究，分析认为液相速度数、气相速度数、液相黏度数、管径数无量纲量能较全面地描述两相管流现象。在 10m 的垂直管进行了约 4000 次多相管流实验，获得了 2 万多个数据点，总结出流态分布图。实验参数范围见表 3-3。

表 3-3　Duns & Ros 实验参数变化范围

参数	变化范围
管子内径（mm）	32~142.3
液体密度（kg/m³）	828~1000
液相运动黏度（10^{-6} m²/s）	1~337
表面张力（mN/m）	24.5~72.0
气相表观速度（m/s）	0~100
液相表观速度（m/s）	0~3.2

三、Orkiszewski 模型

Orkiszewski[9] 采用 148 口油井现场试验数据，通过对比分析多个气液两相流模型，给出了不同流型下的多相流计算方法。计算方法见表 3-4。

表 3-4　Orkiszewski 方法的组成

流型	选用方法
泡状流	Griffith & Wallis
段塞流	密度项对 Griffith & Wallis 公式作了修正，摩阻项用 Orkiszewski 方法
过渡流	Duns & Ros
雾状流	Duns & Ros

四、无滑脱模型

管流动能压降较位能和摩阻压降甚小，一般可忽略不计，故无滑脱压力梯度基本方程可表示为：

$$\frac{\mathrm{d}p}{\mathrm{d}z} = \rho_{ns} g \sin\theta + \frac{f_{ns} q_L^2 M_t^2}{\rho_{ns} D^5} \tag{3-21}$$

无滑脱气液混合物的密度：

$$\rho_{ns} = \rho_L \lambda_L + \rho_G (1 - \lambda_L) \tag{3-22}$$

式中　λ_L——无滑脱持液率；

　　　ρ_{ns}——无滑脱气液混合物密度，kg/m³；

　　　θ——管道倾斜角，（°）；

f_{ns}——无滑脱两相摩阻系数；

q_L——液体体积流量，m^3/s；

M_t——地面标准条件下，每产 $1m^3$ 液体，伴生气、液的总质量，kg/m^3。

$$\mu_{ns} = \mu_L \lambda_L + \mu_G (1 - \lambda_L) \qquad (3-23)$$

式中 μ_{ns}——无滑脱气液混合物黏度，$mPa·s$。

1973 年 Beggs & Brill 基于由均相流动能量守恒方程式所得出的压力梯度方程式，利用倾斜透明管道中空气、水混合物的大量实验数据，得出沿程阻力系数与持液率的变化规律，根据持液率的关系，得出双对数水平流动的流型图。

假设外界没有对气液混合物做功，混合物也没对外做功，则对于单位质量的气液混合物来说，稳定流动的机械能量守恒方程的微分形式可写为：

$$-\frac{dp}{dz} = \rho \frac{dE}{dz} + \rho g \sin\theta + \rho v \frac{dv}{dz} \qquad (3-24)$$

即总压力梯度是摩阻压力、重力压力和加速压力三者之和。Beggs & Brill 结合实验与理论研究得出倾斜段多相压降模型为：

$$-\frac{dp}{dz} = \frac{\left[\rho_L H_L + \rho_G (1 - H_L)\right] g \sin\theta + \dfrac{\lambda G v}{2DA}}{1 - \left\{\left[\rho_L H_L + \rho_G (1 - H_L)\right] v v_{SG}\right\}/p} \qquad (3-25)$$

五、Beggs & Brill 模型

Beggs 和 Brill[12] 根据均相流动能守恒方程式得出了多相流压力梯度方程；在长 13.7m 直径分别为 1in、1½ in 的倾斜管中以水和空气作为流动介质进行了大量的实验，得出了不同倾斜管道中多相流动的持液率和阻力系数的相关规律。实验中各参数的变化范围见表 3-5。

表 3-5 Beggs & Brill 实验参数变化范围

参数	变化范围
气体流量（m^3/s）	0~0.098
液体流量（m^3/s）	0~0.0019
管段平均压力（绝）（MPa）	0.25~0.67
管子内径（mm）	25.4, 38.1
持液率	0~0.87
压力梯度（MPa）	0~0.185
管段倾角（°）	−90~90

其压降计算公式为：

$$-\frac{dp}{dl} = \frac{\left[H_L \rho_L + \left(1 - H_L \right) \rho_g \right] g \sin \theta + \lambda \frac{2wG}{\pi D^3}}{1 - \frac{\left[H_L \rho_L + \left(1 - H_L \right) \rho_g \right] w w_{sg}}{p}} \tag{3-26}$$

式中　p——dl 管段内流动介质的平均压力，Pa；

　　　H_L——截面持液率；

　　　λ——两相混输水力摩阻系数；

　　　ρ_L——液相密度，kg/m³；

　　　ρ_g——气相密度，kg/m³；

　　　D——管内径，m；

　　　θ——管段倾角，(°)；

　　　G——流体质量流量，kg/s；

　　　w——气液混合物速度，m/s；

　　　w_{sg}——气相折算速度，m/s。

式（3-26）为考虑管路起伏影响后的压降梯度计算公式，当截面含液率等于 1 或 0 时即为单相液体或单相气体的压降梯度计算公式。式（3-26）既可用于倾斜管线的计算又可用于水平管路的计算。

六、Mukherjee & Brill 模型

Mukherjee 和 Brill[13] 在 Beggs 和 Brill[12] 研究工作的基础上，改进了实验条件，对倾斜管两相流的流型进行了深入研究，提出了更适用倾斜管的两相流流型判别准则。Mukherjee & Brill 模型的压降梯度方程为：

$$\frac{dp}{dz} = -\frac{\rho_m g \sin \theta + f_m \rho_m v_m^2 / \left(2D \right)}{1 - \rho_m v_m v_{SG} / p} \tag{3-27}$$

Mukherjee & Brill 模型持液率公式共有三个：一个用于水平流和上升流动；另外两个分别用于下降流的分层流和其他流型。Mukherjee & Brill 模型持液率只是控制流型的三个无量纲量的函数。

$$H_L = \exp \left[\left(c_1 + c_2 \sin \theta + c_3 \sin^2 \theta + c_4 N_L^2 \right) \frac{N_{GV}^{c_5}}{N_{LV}^{c_6}} \right] \tag{3-28}$$

式中　θ——管斜角，即与水平方向的夹角，取值 -90°~90°，对于垂直生产井，θ=90°，

　　　　对于垂直注入（蒸汽）井，θ=-90°。

各回归系数列入表 3-6。

Mukherjee & Brill 两相流摩阻系数考虑了流型的变化。对于油井，流体是向上或水平（水平井段）流动，在确定摩阻系数时，只需区分泡状流—段塞流和环状流，其判别式为：

$$N_{\text{GVSM}} = 10^{1.401-2.694N_{\text{L}}+0.521N_{\text{LV}}^{0.329}} \qquad (3-29)$$

表 3-6　持液率公式回归系数

流向	向上流和水平流	向下流	
流型	所有	分层流	其他
c_1	-0.380113	-1.330820	-0.516644
c_2	0.129875	4.808139	0.789805
c_3	-0.119788	4.171584	0.551627
c_4	2.343227	56.262268	15.519214
c_5	0.477569	0.079951	0.371771
c_6	0.288657	0.504887	0.393952

若 $N_{\text{GV}} \geqslant N_{\text{GVSM}}$ 则为环状流，否则为泡状流—段塞流。

对于泡状流—段塞流，两相摩阻系数 f_{m} 用无滑脱摩阻系数 f_{ns}，采用 Jain 公式计算。其中，无滑脱雷诺数用式（3-30）计算。

$$N_{\text{Rens}} = \frac{v_{\text{m}}\rho_{\text{ns}}D}{\mu_{\text{ns}}} \qquad (3-30)$$

其中，无滑脱混合物密度：

$$\rho_{\text{ns}} = \lambda_{\text{L}}\rho_{\text{L}} + (1-\lambda_{\text{L}})\rho_{\text{G}} \qquad (3-31)$$

无滑脱混合物黏度：

$$\mu_{\text{ns}} = \lambda_{\text{L}}\mu_{\text{L}} + (1-\lambda_{\text{L}})\mu_{\text{G}} \qquad (3-32)$$

无滑脱持液率：

$$\lambda_{\text{L}} = \frac{v_{\text{L}}}{v_{\text{m}}} \qquad (3-33)$$

对于环状流，其两相摩阻系数 f_{m} 考虑为相对持液率 H_{R} 和无滑脱摩阻系数 f_{ns} 的函数，确定步骤如下。

（1）计算相对持液率：

$$H_{\text{R}} = \frac{\lambda_{\text{L}}}{H_{\text{L}}} \qquad (3-34)$$

（2）根据 H_{R}，依照表 3-7 确定摩阻系数比 f_{R}。

（3）根据 N_{Rens} 由 Jain 公式计算 f 即为 f_{ns}。

$$f_{\text{m}} = f_{\text{R}}f_{\text{ns}} \qquad (3-35)$$

表 3–7 H_R 与 f_R 的关系

H_R	0.10	0.20	0.30	0.40	0.50	0.70	1.00
f_R	1.00	0.98	1.20	1.25	1.30	1.25	1.00

七、Gray 模型

Gray 模型[15] 适用于存在凝析油等多相流井筒环境，Gray 曾对 108 口井的资料进行了比较。其结果表明凝析油井比干气井的预测结果好。其压降梯度方程为：

$$dp = \frac{g}{g_c}\left[\zeta\rho_g + (1-\zeta)\right]dh + \frac{f_t G^2}{2g_c D \rho_{mf}}dh + \frac{G^2}{g_c}d\left(\frac{1}{\rho_{mi}}\right) \quad (3-36)$$

式中 f_t——视摩擦因子；

ρ_{mf}——无滑脱混合物密度，kg/m³；

ρ_{mi}——混合物密度，kg/m³。

其中 ζ 为从少量的凝析油数据系统中获得的气体体积分数，构成一个反映反转现象的简化模型，与相对密度、压力、温度相关。

$$\zeta = \frac{1 - \exp\left\{-2.314\left[N_v\left(1 + \frac{205}{N_D}\right)\right]^B\right\}}{R + 1} \quad (3-37)$$

其中：

$$B = 0.0814\left[1 - 0.0554\ln\left(1 + \frac{730R}{R+1}\right)\right] \quad (3-38)$$

$$N_v = \frac{\rho_m^2 v_{sm}^2}{q\tau(\rho_L - \rho_g)} \quad (3-39)$$

$$N_D = \frac{g(\rho_L - \rho_g)D^2}{\tau} \quad (3-40)$$

$$R = \frac{v_{so} - v_{sw}}{v_{sg}} \quad (3-41)$$

式中 τ——界面张力，N/m。

八、水平井井筒流型模型

主要包括分层流压降计算模型、环空雾状流压降计算模型、分散泡状流压降计算模型、间歇流压降计算模型[148-149]。

1. 分层流压降计算模型

微元段内的总压降为摩阻压降、重位压降和加速压降之和。用数学表达式表达为：

$$\frac{\mathrm{d}p}{\mathrm{d}L} = \left(\frac{\mathrm{d}p}{\mathrm{d}L}\right)_f + \left(\frac{\mathrm{d}p}{\mathrm{d}L}\right)_g + \left(\frac{\mathrm{d}p}{\mathrm{d}L}\right)_{acc} \tag{3-42}$$

根据 Ouyang 的研究成果，在普通圆管多相流动压降计算理论的基础上，考虑井壁入流时的动量守恒和质量守恒，分别建立气液两相变质量分层流流态下的压力梯度方程：

$$A_g \frac{\mathrm{d}p}{\mathrm{d}L} = -\tau_m Z_m - \tau_g Z_g - 2\rho_g v_g q_{ig} \tag{3-43}$$

$$A_w \frac{\mathrm{d}p}{\mathrm{d}L} = \tau_m Z_m - \tau_w Z_w - 2\rho_w v_w q_{iw} \tag{3-44}$$

式中　τ_g, τ_w, τ_m——气相、水相、混合物与井壁间的剪切应力，Pa；

Z_g, Z_w, Z_m——过流断面处气相、水相、混合物与井壁接触的周长，m；

q_{ig}, q_{iw}——气相、水相管壁径向入流的体积流量，m^3/s。

该微元段压降为：

$$\frac{\mathrm{d}p}{\mathrm{d}L} = \frac{-\tau_w Z_w - 2\rho_w v_w q_{iw} - \tau_g Z_g - 2\rho_g v_g q_{ig}}{A} \tag{3-45}$$

2. 环空雾状流压降计算模型

当水平井筒中只有水相与井壁接触形成一圈环形的水膜，被水膜包裹在中间的是连续流动的气相及分散的水滴时，环空雾状流就出现了。

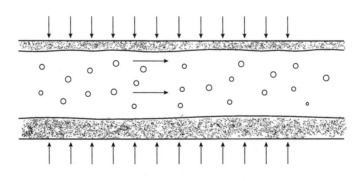

图 3-9　水平段微元多相环雾流示意图

由图 3-9 可以看出，井壁入流只影响与井壁接触的水膜部分。同时不难看出只有水相与井壁之间存在摩擦作用。处于中间的连续气相与包裹它的水膜之间存在摩擦产生的剪切应力。这里将中间的气相及分散其中的小水滴视为一个整体。可以得出水相和气相的动量方程：

$$A_w \frac{\mathrm{d}p}{\mathrm{d}L} = \tau_m Z_m - \tau_w Z_w - 2\rho_w A_w v_w \frac{\mathrm{d}v_w}{\mathrm{d}L} \tag{3-46}$$

$$A_g \frac{\mathrm{d}p}{\mathrm{d}L} = -\tau_m Z_m - 2\rho_g A_g v_g \frac{\mathrm{d}v_g}{\mathrm{d}L} \qquad (3-47)$$

式（3-46）和式（3-47）中 $\mathrm{d}v_w/\mathrm{d}L$ 和 $\mathrm{d}v_g/\mathrm{d}L$ 分别表示该微元段轴向水相和气相的速度变化。由质量守恒可以得到，对于水相：

$$\rho_w v_{wi} A_{wi} + \Delta L \rho_w Q_{wi} = \rho_w v_{wi-1} A_{wi-1} + \Delta C \qquad (3-48)$$

式（3-48）由于中间雾流中存在小水滴，即水膜与轴向雾流之间存在质量的传递 ΔC：

$$\Delta C = \rho_w Fe_{i-1} A_{gi-1} v_{gi-1} - \rho_w Fe_i A_{gi} v_{gi} \qquad (3-49)$$

式中　Fe——中间轴向雾流中包含水相的体积含液率；

　　　A_g——轴向雾流所占过流断面的面积，m^2。

该微元段压降为：

$$\frac{\mathrm{d}p}{\mathrm{d}L} = \frac{-\tau_w Z_w - 2\rho_w v_w \left(q_{iw} - \dfrac{Fe}{1-Fe} q_{ig} \right) - 2\rho_g v_g \left(\dfrac{q_{ig}}{1-Fe} \right)}{A} \qquad (3-50)$$

3. 分散泡状流压降计算模型

当水平段中多相流速较快时就会出现两相分散泡状流。将水平段中的多相分散泡状流视为一种恒质的单相流体，根据动量方程可以得到

$$A \frac{\mathrm{d}p}{\mathrm{d}L} = -\tau Z - 2\rho_{gw} A v_{gw} \frac{\mathrm{d}v_{gw}}{\mathrm{d}L} \qquad (3-51)$$

变形之后可得：

$$\frac{\mathrm{d}p}{\mathrm{d}L} = \frac{-\tau Z - 2\rho_{gw} v_{gw} q_{igw}}{A} \qquad (3-52)$$

式中　τ——多相分散泡状流与井壁摩擦产生的剪切应力，Pa。

4. 间歇流压降计算模型

一个完整的段塞单元包含了四个部分（图3-10）：长气泡区，位于长气泡区下面的水膜区、段塞区，位于段塞区内的小气泡区。这四个部分之间存在着复杂的能量和质量的传递。

图3-10为一个完整的段塞单元，其中可以清晰地观察到上文提及的四个部分，该微元段水平井筒中水相的动量方程：

$$\left[(pA)_{i-1} - (pA)_i \right] = \tau_B \pi D L_B - \tau_A Z_A L_A - \tau_g Z_g L_A + \left(\rho_{gw} A_i v_{gwi}^2 - \rho_{gw} A_o v_{gwi-1}^2 \right) \qquad (3-53)$$

由质量守恒可知：

$$\rho_w \left(A v_{wi} + L_D q_{iw} \right) = \rho_w A v_{wi-1} \qquad (3-54)$$

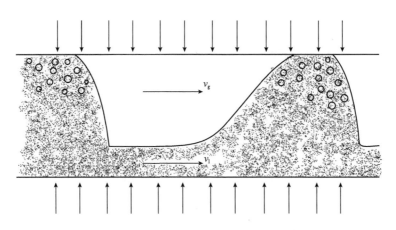

图 3-10　水平段微元多相间歇流流型示意图

$$\rho_{\mathrm{g}}\left(Av_{\mathrm{g}i}+L_{\mathrm{D}}q_{ig}\right)=\rho_{\mathrm{g}}Av_{\mathrm{g}i-1} \tag{3-55}$$

式中　τ_{B}——水相段塞与井壁间的剪切应力，Pa；

　　　L_{B}——水相段塞区的长度，m；

　　　τ_{A}——水膜与井壁间的剪切应力，Pa；

　　　L_{A}——薄水膜的长度，与长气泡长度相等，m；

　　　τ_{g}——长气泡与井壁间的剪切应力，Pa；

　　　Z_{g}——长气泡过流断面上边界的长度，m；

　　　L_{D}——微元段完整段塞单元的长度，m。

忽略段塞单元在该微元段入流处和出流处所占过流断面的面积的差别（即 $A_i=A_o=A$）。

式（3-53）等号右边第三项为：

$$\rho_{\mathrm{gw}}A_iv_{\mathrm{gw}i}^2-\rho_{\mathrm{gw}}A_ov_{\mathrm{gw}i-1}^2=\rho_{\mathrm{gw}}A\left(v_{\mathrm{gw}i}+v_{\mathrm{gw}i-1}\right)\left(v_{\mathrm{gw}i}-v_{\mathrm{gw}i-1}\right) \tag{3-56}$$

整理后可得：

$$\frac{\mathrm{d}p}{\mathrm{d}L}=-\frac{\tau_{\mathrm{B}}\pi DL_{\mathrm{B}}+\tau_{\mathrm{A}}Z_{\mathrm{A}}L_{\mathrm{A}}+\tau_{\mathrm{g}}Z_{\mathrm{g}}L_{\mathrm{A}}}{L_{\mathrm{D}}A}-\frac{2}{A}\rho_{\mathrm{gw}}v_{\mathrm{gw}}q_{igw} \tag{3-57}$$

第三节　井筒多相温度预测模型

当气水流体沿井筒方向从地层流至井口，由于地层温度较高，气水在井筒做高速流动时，流体温度与井筒近井地带温度未达到稳定平衡状态。因此，在预测多相井筒流动温度时不能简单地用地层静温代替，而是需要根据井筒的实际流动情况，综合考虑气水流体混合比热、地层导热系数和地层传热系数等因素，建立适用于多相流的井筒流动温度预测模型，选取井筒微元段作传热分析，如图 3-11 所示[150]。

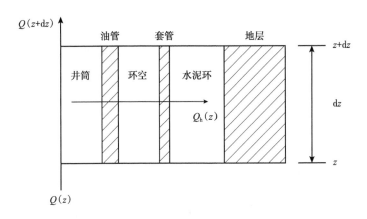

图 3-11　井筒微元段传热示意图

取井底为坐标原点，垂直向上为正方向。在油管上取长为 dz 的微元体，根据能量守恒定律：气体流经微元体时，以对流方式流入微元体的热量等于流出微元体的热量加上微元体向地层传递的热量：

$$Q(z) = Q(z+dz) + Q_h(z) \qquad (3-58)$$

其中

$$Q(z) = w_t C_{pm} T_f(z)$$

$$Q(z+dz) = w_t C_{pm} T_f(z+dz)$$

式中　$Q(z)$——流入微元体的热量；

$Q(z+dz)$——流出微元体的热量；

w_t——总质量流量，kg/s；

C_{pm}——流体定压比热，J/(kg·℃)。

鉴于所取微元段 dz 相对较短，在微元段内的径向传热可近似地按微元段起点井筒与井筒/地层界面的温差计算。如此，气体向第二界面径向传递的热量可近似表达为：

$$Q_h(z) = 2\pi r_{to} U_{to}(T_f - T_h)dz \qquad (3-59)$$

式中　r_{to}——油管外径，m；

U_{to}——总传热系数，J/(s·m²·℃)；

T_f——井筒内流体温度，℃；

T_h——第二界面温度，℃。

同理，从第二界面向周围地层的径向传热量为：

$$Q_\infty(z) = \frac{2\pi k_e(T_h - T_e)}{f(t)}dz \qquad (3-60)$$

式中　k_e——地层导热系数，J/(s·m²·℃)；

$f(t)$——瞬态传热系数;

T_e——地层温度,℃。

显然,从井筒传到第二界面的热量等于从第二界面传给周围地层的热量。

$$T_h = \left(T_f f(t) + \frac{k_e}{r_{to} U_{to}} T_e \right) / \left[f(t) + \frac{k_e}{r_{to} U_{to}} \right] \quad (3-61)$$

推导得到:

$$w_t C_{pm} \partial T_f / \partial z = 2\pi r_{to} U_{to} k_e (T_e - T_f) / [k_e + f(t) r_{to} U_{to}] \quad (3-62)$$

计算每一段出口处气体温度的公式为:

$$T_{out} = T_{eout} + \frac{1 - e^{A\Delta h}}{A} \left[-\frac{g\sin\theta}{C_{pm}} + \mu \frac{dp}{dz} - \frac{v}{C_{pm}} \frac{dv}{dz} + g\sin\theta \right] + e^{A\Delta h} (T_{in} - T_{ein}) \quad (3-63)$$

如考虑气体和管壁之间的摩擦生热,经推导得:

$$T_{out} = T_{eout} + \frac{1 - e^{A\Delta h}}{A} \left[-\frac{g\sin\theta}{C_{pm}} + \mu \frac{dp}{dz} - \frac{v}{C_{pm}} \frac{dv}{dz} + g\sin\theta + \frac{fv^2}{2C_{pm}D} \right] + e^{A\Delta h} (T_{in} - T_{ein}) \quad (3-64)$$

式(3-64)即为井筒多相温度预测模型。

第四节　气液两相流动模型的修正

不同于常规气井流体,页岩气流体由页岩气与压裂返排液所组成。井筒流体特征的差异导致页岩气井井筒流动与积液特征的差异。页岩气流体特征是研究页岩气井井筒流动与积液特征的基础。通过研究实验井筒中水平段、倾斜段和垂直段各部分的积液形成过程和气水流动过程中的流型转变,为页岩气井筒多相流模型与积液模型的建立提供基础。

一、页岩气井流体特征研究

页岩气井流体特征实验研究包括对返排液的黏度、密度及表面张力测试,并分析页岩气井流体特征参数对页岩气井井筒流动与积液特征的影响[150]。

1. 返排液黏度测试

(1)实验目的和主要内容。

利用哈克MARSⅢ旋转流变仪(图3-12),测试三个批次压裂返排液的黏温曲线,温度范围20~90℃,测试间隔10℃。分析压裂返排液黏度随温度的变化情况。

(2)实验设备及材料。

①实验设备。

由哈克MARSⅢ旋转流变仪测试实验流体在不同温度下的黏度变化,设备参数为:马达类型:托杯式空气轴承马达;最小扭矩:0.01μN·m;最小扭矩振荡:0.003μN·m;

最大旋转速度：1500r/min；频率范围：10~100Hz；法向力分辨率：0.001N；温度范围：−20~200℃。

图 3-12　哈克 MARS Ⅲ 旋转流变仪

②实验材料。

川南页岩气井压裂返排液。

（3）人员及实验时间。

①具体负责人员。

西南石油大学油气藏地质与开发工程国家重点实验室相关实验人员。

②实验时间。

2023 年 9 月 1 日至 9 月 10 日。

（4）实验结果与分析。

①实验结果。

测试获得三个批次压裂返排液的黏温曲线，如图 3-13 所示。

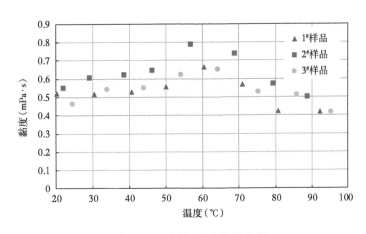

图 3-13　压裂返排液黏温曲线

图 3-13 中源数据见表 3-8。

表 3-8　压裂返排液黏温关系测试结果

1# 样品		2# 样品		3# 样品	
温度（℃）	黏度（mPa·s）	温度（℃）	黏度（mPa·s）	温度（℃）	黏度（mPa·s）
92.2	0.416	21.99	0.550	24.31	0.465
80.5	0.421	28.97	0.606	33.78	0.543
70.9	0.569	38.45	0.622	43.93	0.550
60.4	0.663	46.29	0.645	54.21	0.622
50.0	0.557	56.79	0.787	64.19	0.650
40.6	0.529	68.77	0.739	75.20	0.530
30.3	0.516	79.23	0.569	85.80	0.513
20.1	0.520	88.71	0.501	95.30	0.418

②实验结果分析。

通过对三个批次压裂返排液的黏温曲线分析，如图 3-14 所示，可以发现压裂返排液的黏温关系可分为三个区域。第一个区域为黏温正相关区，为 20~50℃ 区间，压裂返排液的黏度与温度成正相关，黏度随温度的升高不断增加且增加的趋势不断减缓。第二个区域为黏度极限区，为 50~70℃ 区间，压裂返排液的黏度随温度的升高急剧升高，而后又急剧减小，压裂返排液的黏度在此区域达到极值。第三个区域为黏温负相关区，为 70~95℃ 区间，压裂返排液的黏度与温度呈负相关，黏度随温度的升高不断减小。

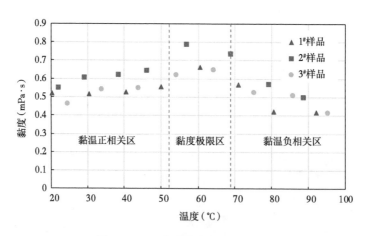

图 3-14　压裂返排液黏温关系分区

（5）实验数据与传统模型对比。

返排液的黏度预测可以使用传统地层水黏度模型，其表达式为：

$$\mu_{w} = \exp\left(1.003 - 1.479 \times 10^{-2} F + 1.982 \times 10^{-5} F^2\right)$$

（3-65）

式中　F——华氏度，其与摄氏度 T 的关系可以表示为 $F=1.8T+32$。

传统地层水黏度模型预测结果为：流体黏度随温度的增大不断减小，且减小的趋势不断减缓。实验数据与传统地层水黏度模型预测结果存在明显差距，如图 3-15 所示。传统地层水黏度模型已不再适用于页岩气压裂返排液的黏度预测。

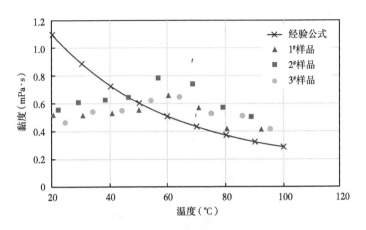

图 3-15　压裂返排液黏温关系与传统模型预测结果对比

利用二项式拟合页岩气压裂返排液黏温曲线，如图 3-16 所示。

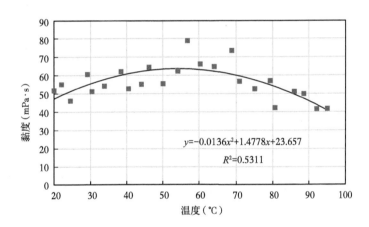

图 3-16　压裂返排液黏温关系式拟合

拟合得到页岩气压裂返排液黏温关系式为：

$$\mu_{\mathrm{w}} = -0.0136\,T^2 + 1.4778\,T + 23.657 \tag{3-66}$$

该关系式能够较好地预测页岩气压裂返排液黏度的变化规律，可用于页岩气井筒多相流计算、气井井筒临界携液模型计算等方面。

2. 返排液密度测试

（1）实验目的和主要内容。

利用 DMA HPA 高温高压密度仪测试三个批次压裂返排液密度与温度的变化关系，温度范围 10~90℃，测试间隔 10℃，分析压裂返排液密度随温度的变化情况。

（2）实验设备及材料。

①实验设备。

DMA HPA 高温高压密度仪如图 3-17 所示，测试实验流体在不同温度下的密度变化，密度测量范围：0.00001~3g/cm³，密度测量精度：0.00001g/cm³，温度范围：-10~200℃，控温精度：0.02℃，测量池材质：Hastelloy C-2765，压力范围：0~1400bar，测量所需样品量不小于 2mL，该设备配备 DAVIS 5 数据采集软件，连接电脑采集、处理测量数据。

图 3-17　DMA HPA 高温高压密度仪

②实验材料。

川南页岩气井压裂返排液。

（3）人员及实验时间。

①具体负责人员。

西南石油大学油气藏地质与开发工程国家重点实验室相关实验人员。

②实验时间。

2023 年 9 月 10 日至 9 月 20 日。

（4）实验结果与分析。

①实验结果。

测试获得三个批次压裂返排液密度与温度的关系曲线，如图 3-18 所示。

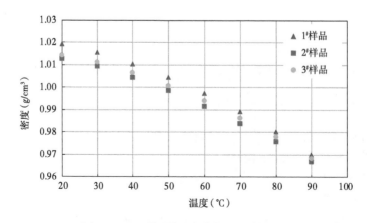

图 3-18　压裂返排液密度与温度关系曲线

图 3-18 中源数据见表 3-9。

表 3-9 压裂返排液密度与温度关系测试结果

温度（℃）	密度（g/cm³）		
	1# 样品	2# 样品	3# 样品
10	1.0211	1.0138	1.0157
20	1.0193	1.0126	1.0142
30	1.0154	1.0095	1.0112
40	1.0104	1.0043	1.0065
50	1.0044	0.9986	1.0007
60	0.9974	0.9916	0.9939
70	0.9890	0.9838	0.9862
80	0.9801	0.9757	0.9779
90	0.9701	0.9669	0.9686

②实验结果分析。

通过对三个批次压裂返排液密度与温度关系曲线分析，可以发现压裂返排液密度与温度呈负相关。压裂返排液的密度随温度的升高不断减小且减小的趋势缓慢加剧，如图 3-18 所示。

（5）实验数据与传统模型对比。

返排液的密度预测可以使用传统地层水密度模型，其表达式为：

$$\rho_{wb}=1.083886-5.10546\times10^{-4}T-0.306254\times10^{-6}T^2 \tag{3-67}$$

式中 ρ_{wb} ——地层水密度，g/cm³；

T ——温度，℃。

传统地层水密度模型预测结果为：流体密度随温度的增大不断减小，且减小的趋势缓慢加剧。实验数据与传统地层水密度模型预测结果变化趋势一致，但传统地层水密度模型预测结果明显大于实验数据，如图 3-19 所示。传统地层水密度模型已不再适用于页岩气压裂返排液的密度预测。

利用二项式拟合页岩气压裂返排液密度与温度关系曲线，如图 3-20 所示。

拟合得到页岩气压裂返排液密度与温度关系式为：

$$\rho_w=-5\times10^{-6}T^2-9\times10^{-5}T+1.0188 \tag{3-68}$$

该关系式能够较好地预测页岩气压裂返排液密度的变化规律，可用于页岩气井筒多相流计算、气井井筒临界携液模型计算等方面。

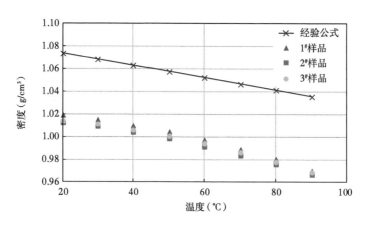

图 3-19　压裂返排液密度与传统模型预测结果对比

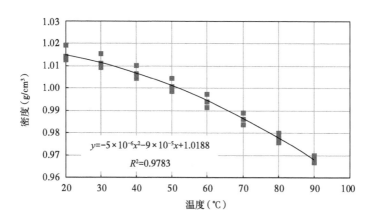

图 3-20　压裂返排液密度与温度关系式拟合

3. 返排液表面张力测试

（1）实验目的和主要内容。

利用 KRUSS DSA30S 界面参数一体测量系统，测试三个批次压裂返排液表面张力与温度的变化关系，温度范围 10~90℃，测试间隔 10℃，分析压裂返排液表面张力随温度的变化情况。

（2）实验设备及材料。

①实验设备。

KRUSS DSA30S 界面参数一体测量系统如图 3-21 所示。

测试实验流体在不同温度下的表面张力变化，接触角测量范围和精度：0°~180°，精度：0.1°，分辨率：0.01°；表面张力测量范围和精度：0.01~2000mN/m，分辨率：0.01mN/m；光学系统：连续变焦的 6 倍变焦透镜，相机速度为 52 幅图像 /s；视频系统调节：视频系统的倾斜度可以进行调节；注射单元控制及精度：注射单元精度为 0.0067μL；注射体积与注射速度可以由软件进行控制；既可通过软件，亦可通过手动按钮控制液体注射；黏度范围：可达 50mPa·s；动态界面张力测量范围：0.01~2000mN/m；频率范围：0~50Hz。

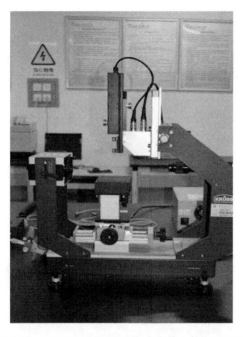

图 3-21 KRUSS DSA30S 界面参数一体测量系统

②实验材料。

川南页岩气井压裂返排液。

（3）人员及实验时间。

①具体负责人员。

西南石油大学油气藏地质与开发工程国家重点实验室相关实验人员。

②实验时间。

2023 年 9 月 18 日至 9 月 28 日。

（4）实验结果与分析。

①实验结果。

测试获得三个批次压裂返排液表面张力与温度的关系曲线，如图 3-22 所示。

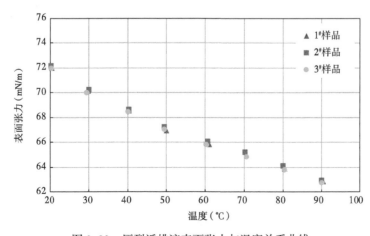

图 3-22 压裂返排液表面张力与温度关系曲线

图 3-22 中源数据见表 3-10。

表 3-10　压裂返排液表面张力与温度关系测试结果

1# 样品		2# 样品		3# 样品	
温度 （℃）	表面张力 （mN/m）	温度 （℃）	表面张力 （mN/m）	温度 （℃）	表面张力 （mN/m）
9.94	74.043	10.56	74.194	10.25	73.817
20.50	72.011	20.19	72.161	20.19	72.011
29.81	70.129	30.12	70.280	29.50	70.054
40.37	68.548	40.37	68.699	40.06	68.473
50.00	66.968	49.38	67.269	49.38	67.043
60.87	65.839	60.56	66.065	60.25	65.839
70.50	65.011	70.19	65.237	70.50	64.860
80.43	63.882	80.12	64.108	80.43	63.807
90.37	62.828	90.06	62.979	90.06	62.753

②实验结果分析。

通过对三个批次压裂返排液表面张力与温度关系曲线分析，可以发现压裂返排液表面张力与温度呈负相关。压裂返排液的表面张力随温度的升高不断减小且减小的趋势不断减缓。

（5）实验数据与传统模型对比。

返排液的表面张力预测可以使用传统地层水表面张力模型，其表达式为：

$$\sigma(T) = \left[\frac{(137.78 - T) \times 1.8}{206}\right][\sigma(23.33) - \sigma(137.78)] + \sigma(137.78) \qquad (3\text{-}69)$$

其中：

$$\sigma(137.78) = 52.5 - 0.87018p \qquad (3\text{-}70)$$

$$\sigma(23.33) = 76\exp(-0.0362575p) \qquad (3\text{-}71)$$

式中　$\sigma(137.78)$——温度为 137.78℃ 时水的表面张力，mN/m；

$\sigma(23.33)$——温度为 23.33℃ 时水的表面张力，mN/m；

$\sigma(T)$——温度为 T℃ 时水的表面张力，mN/m；

T——温度，℃；

p——压力，MPa。

传统地层水表面张力模型预测结果为：流体表面张力随温度的增大不断减小，且减小的趋势缓慢加剧。实验数据与传统地层水表面张力模型预测结果变化趋势一致，但传统地层水表面张力模型预测结果明显大于实验数据，如图 2-23 所示。传统地层水表面张力模型已不再适用于页岩气压裂返排液的表面张力预测。

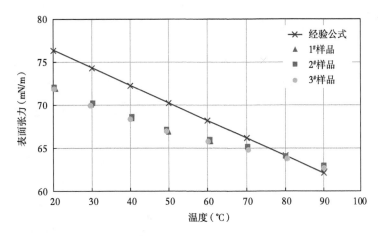

图 3-23　压裂返排液表面张力与传统模型预测结果对比

利用二项式拟合页岩气压裂返排液表面张力与温度关系，如图 3-24 所示。

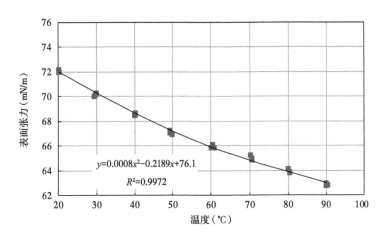

图 3-24　压裂返排液表面张力与温度关系式拟合

拟合得到页岩气压裂返排液表面张力与温度关系式为：

$$\sigma = 0.0008T^2 - 0.2189T + 76.1 \tag{3-72}$$

该关系式能够较好地预测页岩气压裂返排液表面张力的变化规律，可用于页岩气井筒多相流计算、气井临界携液模型计算等方面。

二、页岩气井流动模拟实验研究

利用室内可视化实验装置，进行水平井流动规律实验研究。观察实验中水平井中水平段、倾斜段和垂直段各部分的积液形成过程和气水流动过程中的流型转变，测定水平井临界携液所需的气量及携液前后多相流流型变化。

1. 实验装置

利用搭建的室内水平井可视化实验装置，如图 3-25 所示，预先在水平管段内注入一定水量，通过改变注气量，观察多相流不同的流动形态和气水流动规律，为验证水平井垂直段、倾斜段和水平段临界携液状态做支撑。

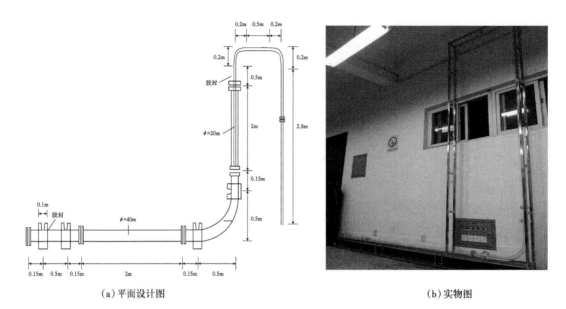

（a）平面设计图　　　　　　　　　　　　　　　（b）实物图

图 3-25　室内水平井可视化装置示意图

在水平段趾端连接氮气入口。同时在水平段趾端、跟端和垂直段分别连接量程为 0.5MPa，精度为 0.2% 的压力传感器，室内水平井装置基础参数见表 3-11。

表 3-11　室内水平井装置基础参数表

大管径内径（mm）	40
小管径内径（mm）	20
水平段长度（m）	2.5
倾斜段长度（m）	0.5
倾斜段高度（m）	0.5
垂直段长度（m）	2.5

2. 实验现象及数据分析

（1）积液高度占 2/5 管径携液实验。

预先在水平管段内注入积液高度占管径 2/5 的水，改变注气量大小，监测水平井装置 3 个不同位置处压力传感器的数值，监测结果如图 3-26 所示。

从实验结果可以看出，在实验过程中趾端压力比跟端压力大，垂直段压力最小。趾端压力值主要在 102.86~104.96kPa 范围内波动；跟端压力值主要在 102.27~103.82kPa 范围内波动；垂直段压力值主要在 100.38~100.40kPa 范围内波动。

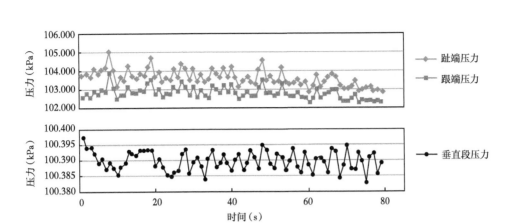

图 3-26　积液高度占 2/5 管径携液实验压力监测图

（2）积液高度占 3/5 管径携液实验。

预先在水平管段内注入积液高度占管径 3/5 的水，改变注气量大小，监测水平井装置 3 个不同位置处压力传感器的数值，监测结果如图 3-27 所示。

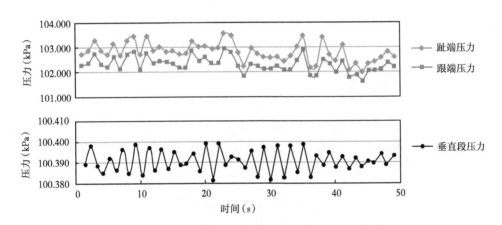

图 3-27　积液高度占 3/5 管径携液实验压力监测图

从实验结果可以看出，在实验过程中趾端压力比跟端压力大，垂直段压力最小。趾端压力值主要在 101.98~103.58kPa 范围内波动；跟端压力值主要在 101.62~102.92kPa 范围内波动；垂直段压力值主要在 100.38~100.39kPa 范围内波动。

（3）积液高度占 4/5 管径携液实验。

预先在水平管段内注入积液高度占管径 4/5 的水，改变注气量大小，监测水平井装置 3 个不同位置处压力传感器的数值，监测结果如图 3-28 所示。

从实验结果可以看出，在实验过程中趾端、跟端和垂直段压力传感器值变化不大，趾端和跟端压力值主要在 101.5~103.0kPa 范围内波动；垂直段压力值主要在 100.384~100.388kPa 范围内波动。

由不同水平段积液高度携液实验可以看出，水平井趾端压力和跟端压力差异不大，说明在较小压差条件下就可将水平段积液携带至跟端。在水平段由于气水相对流动，利用气水界面摩擦能量将水平段积液从趾端推至跟端，多相流动表现为较明显的分层流，气水界面波动不明显，如图 3-29 所示。

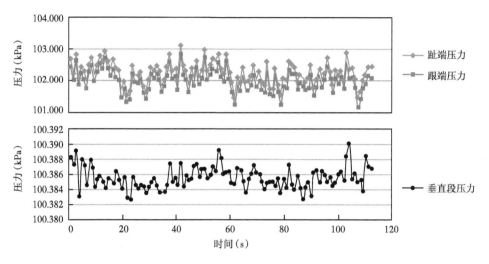

图 3-28　积液高度占 4/5 管径携液实验压力监测图

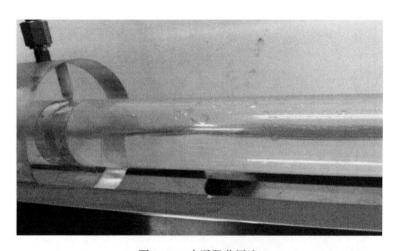

图 3-29　水平段分层流

在水平井倾斜段处气水相对流动，由于气水物性相差较大，在倾斜段流动过程中，水相重力的作用使得液体在井壁堆积并向下滑移，当下滑的液膜遇到上行的气水段塞后，会产生扰动现象，只要有足量的液体，即使气体流速不太高时，也会形成气水间歇流，如图 3-30 所示。水相滑脱、冲击和合并现象严重，进一步减小了气相过流面积，导致流速增大，引起了气水扰动现象，使倾斜段内压差波动较大，这种剧烈的压差波动直接影响井的正常生产。因此在倾斜管处压降较大，携液较困难。

根据实验现象及实验数据可以得出，水平井段在较小的压差及气流量下可将井筒积液带至水平井跟端。在水平井跟端由于气液扰动，由原来的分层流变为段塞流，在水平井倾斜段携液，将井底积液带出井口。

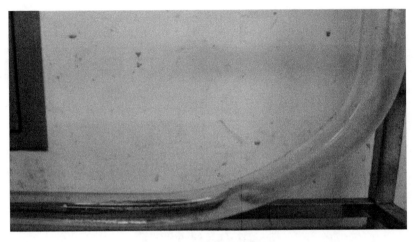

图 3-30　倾斜段流型转变

第五节　页岩气井井筒多相流模型优选

针对页岩气井井筒特殊结构，对井筒多相流模型的适应性进行了分析。分别使用川南页岩气田气井实测数据对多相流模型进行对比与优选。

一、模型优选

本节对比了川南页岩气田 4 口气井（Lu203 井、Lu209 井、Lu203H7-1 井、Lu203H7-4 井）实测与 5 种模型预测的压力—深度数据。模型包括 Gray（original）模型，简称为 GRAYO；Gray（modified）模型，简称为 GRAYM；Hagedorn-Brown Revised 模型，简称为 HBR；Mukherjee-Brill 模型，简称为 MB；No Slip Assumption 模型，简称为 NOSLIP。以实测压力与模型预测压力的绝对差值最小为判别标准，优选出各类极限生产下最适应的多相流模型。

1. Lu203 井

（1）Lu203 井简况。

Lu203 井位于四川省泸州市泸县喻寺镇雷达村 9 组，构造位置为福集向斜北西翼。该井于 2019 年 1 月 23 日开始生产，生产数据如图 3-31 所示，使用该井 2023 年 5 月 23 日测试数据，用于优选多相流模型。

（2）多相流模型与实测数据对比。

将气井实际井身结构与测压当日生产数据（井口压力、产气量、产水量）代入垂直段和倾斜段、水平段多相流模型，并将各模型预测结果与气井实测压力—深度数据对比，如图 3-32 所示。

（3）多相流模型优选结果。

通过对比实测与模型预测的压力—深度数据，优选各条件下最适应的 5 种多相流模型，结果见表 3-12。

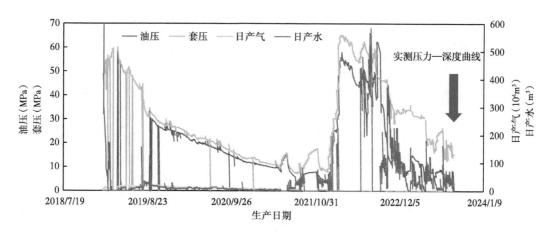

图 3-31　Lu203 井生产曲线

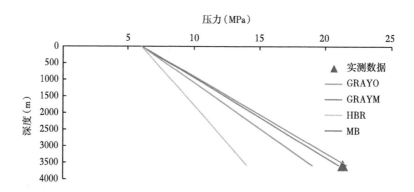

图 3-32　Lu203 井多相流模型压力—深度关系曲线

表 3-12　Lu203 井模型优选结果

模型名称	压力值误差（%）
GRAYO	1.51
GRAYM	1.49
HBR	34.33
MB	10.87
NOSLIP	10.73

2. Lu209 井

（1）Lu209 井简况。

Lu209 井位于重庆市荣昌区双河街道金佛社区 10 组，构造位置为古佛山构造北翼。该井于 2021 年 9 月 4 日开始生产，生产数据如图 3-33 所示，使用该井 2023 年 6 月 9 日测试数据，用于优选多相流模型。

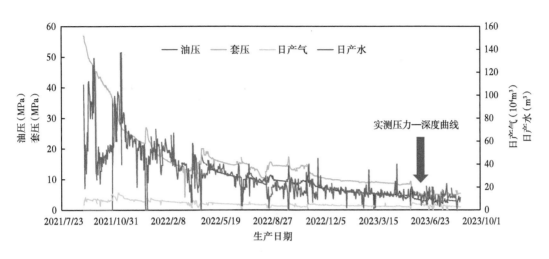

图 3-33　Lu209 井生产曲线

（2）多相流模型与实测数据对比。

将气井实际井身结构与测压当日生产数据（井口压力、产气量、产水量）代入垂直段和倾斜段、水平段多相流模型，并将各模型预测结果与气井实测压力—深度数据对比，如图 3-34 所示。

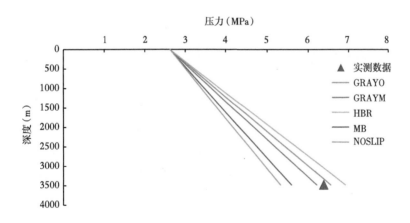

图 3-34　Lu209 井多相流模型压力—深度关系曲线

（3）多相流模型优选结果。

通过对比实测与模型预测的压力—深度数据，优选各条件下最适应的 5 种垂直段与 5 种倾斜段、水平段多相流模型，结果见表 3-13。

3. Lu203H7-1 井

（1）Lu203H7-1 井简况。

Lu203H7-1 井位于重庆市荣昌区清江镇分水村 3 组，构造位置为福集向斜北段东翼。该井于 2021 年 10 月 27 日开始生产，生产数据如图 3-35 所示，使用该井 2023 年 5 月 31 日测试数据，用于优选多相流模型。

表 3-13　Lu209 井模型优选结果

模型名称	压力值误差（%）
GRAYO	2.76
GRAYM	2.69
HBR	8.51
MB	12.28
NOSLIP	16.44

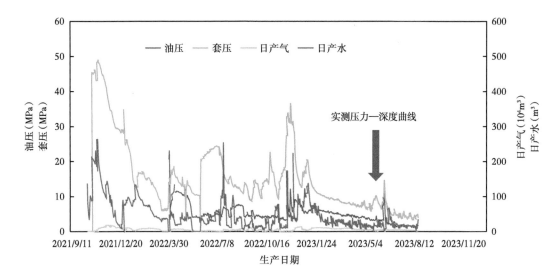

图 3-35　Lu203H7-1 井生产曲线

（2）多相流模型与实测数据对比。

将气井实际井身结构与测压当日生产数据（井口压力、产气量、产水量）代入垂直段和倾斜段、水平段多相流模型，并将各模型预测结果与气井实测压力—深度数据对比，如图 3-36 所示。

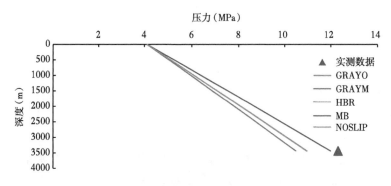

图 3-36　Lu203H7-1 井多相流模型压力—深度关系曲线

（3）多相流模型优选结果。

通过对比实测与模型预测的压力—深度数据，优选各条件下最适应的 5 种垂直段与 5 种倾斜段、水平段多相流模型，结果见表 3-14。

表 3-14　Lu203H7-1 井模型优选结果

模型名称	压力值误差（%）
GRAYO	13.59
GRAYM	10.75
HBR	14.81
MB	2.64
NOSLIP	11.03

4. Lu203H7-4 井

（1）Lu203H7-4 井简况。

Lu203H7-4 井位于重庆市荣昌区清江镇分水村 3 组，构造位置为福集向斜北段东翼。该井于 2021 年 10 月 27 日开始生产，生产数据如图 3-37 所示，使用该井 2023 年 6 月 2 日测试数据，用于优选多相流模型。

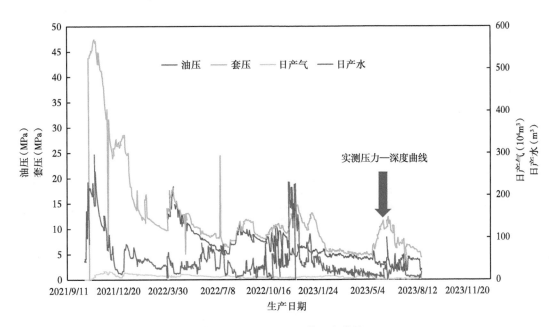

图 3-37　Lu203H7-4 井生产曲线

（2）多相流模型与实测数据对比。

将气井实际井身结构与测压当日生产数据（井口压力、产气量、产水量）代入垂直段和倾斜段、水平段多相流模型，并将各模型预测结果与气井实测压力—深度数据对比，如图 3-38 所示。

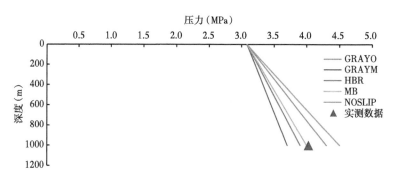

图 3-38　Lu203H7-4 井多相流模型压力—深度关系曲线

（3）多相流模型优选结果。

通过对比实测与模型预测的压力—深度数据，优选各条件下最适应的 5 种垂直段与 5 种倾斜段、水平段多相流模型，结果见表 3-15。

表 3-15　Lu203H7-4 井模型优选结果

模型名称	压力值误差（%）
GRAYO	6.94
GRAYM	7.98
HBR	3.01
MB	0.52
NOSLIP	14.84

二、模型优选结果

对比模型计算结果（图 3-39），5 类模型计算压力值误差为 5.73%~15.17%，在 5 类气井模型井筒压力的计算中，GRAYM 模型预测误差为 5.73%，低于其他模型；基于

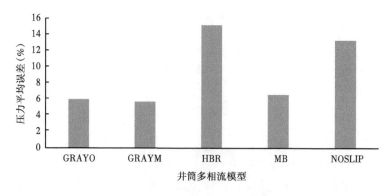

图 3-39　多相流模型压力平均误差

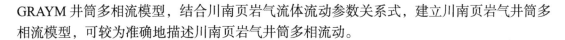

GRAYM 井筒多相流模型，结合川南页岩气流体流动参数关系式，建立川南页岩气井筒多相流模型，可较为准确地描述川南页岩气井筒多相流动。

三、模型验证

从 88 口井中挑选出未积液井，分别通过油压计算井底流压、套压计算井底流压，对比油压折算井底流压的压力、套压折算井底流压的压力之间的相对误差，从而验证 GRAYM 模型的准确性。结果表明：相对误差为 0.8%~22.75%，平均误差为 10.25%。

第四章　临界携液模型与井筒积液预警

气井积液是一个复杂的两相流动过程，准确预测积液情况对于天然气生产必不可少。根据临界携液产量判断气井是否可以连续携液及井底是否存在积液是目前比较普遍适用的现场方法之一。本章考虑压裂水平井筒各类复杂流动机制，用传统临界携液模型（李闽模型、Turner 模型、王毅忠模型、杨文明模型、李丽模型、Belfroid 模型等）和一种考虑气体连续携液及液滴直径影响的气井新模型判断川南页岩气井积液情况，用压力梯度法验证各携液模型的准确度，优选出川南页岩气最优临界携液模型。同时可利用临界携液模型预测页岩气井全井筒压力、温度随井深的分布。压力梯度法、临界携液流量法、井口油套压差判断法、油套压差积液高度图版等也可用于井筒积液预警。

第一节　井筒临界携液模型

根据临界携液产量判断气井是否可以连续携液及井底是否存在积液是目前比较普遍适用的现场方法之一，其理论主要依据临界携液模型的动力学模型。这类模型主要有 Turner 模型、Coleman 模型、李闽模型等。通过实验研究发现，倾斜角对倾斜井段连续携液临界气流速的影响极大，要正确判别气井积液，必须从垂直段与倾斜段两个方面研究气井的临界携液模型。分析水平井不同井段，即垂直段与倾斜段的流体流动状态，进行水平井临界携液流量计算分析方法研究，获得不同井段下的携液流量计算方法。

一、传统临界携液模型

传统临界携液模型主要包括：李闽模型[93]、Turner 模型[91]、王毅忠模型[96]、杨文明模型[151]、李丽模型[152]、Belfroid 模型等[153]。

1. 圆球液滴模型

Turner 模型[91]认为气流中心夹带的液滴呈圆球状，对圆形液滴进行受力分析，如图 4-1 所示，建立气流对液滴的曳力与液滴的沉降重力之间的关系式，进而确定气井携液临界速度。利用 Turner 液滴模型计算得到携液临界流速为：

$$v_{\text{crit-T}} = 6.6 \left[\frac{\sigma(\rho_{\text{L}} - \rho_{\text{G}})}{\rho_{\text{G}}^2} \right]^{0.25} \tag{4-1}$$

式中　ρ_{L}——液体密度，kg/m^3；

　　　ρ_{G}——气体密度，kg/m^3；

　　　σ——气液之间的界面张力，N/m；

　　　$v_{\text{crit-T}}$——Turner 模型临界流速，m/s。

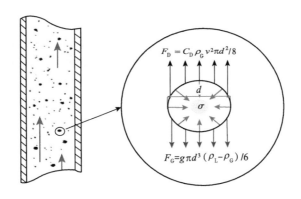

图 4-1　气流中液滴受力分析

之后 Coleman[92] 等、Nosseir[95] 等、Gao 等考虑压力、流型、液滴堆积效应、持液率等因素的影响，建立了各种液滴携带新模型，各模型预测值与 Turner 模型相比，偏差在不大于 20%，是对 Turner 模型所做的发展。

2. 椭球状液滴模型

李闽[93] 等认为，当液滴在高速气流中运动时，液滴前后存在压差，在这个压差的作用下，液滴会从圆球体变成椭球体，如图 4-2 所示。

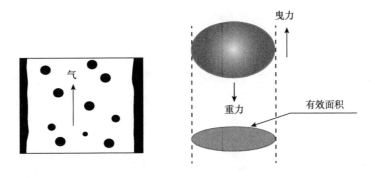

图 4-2　高速气流中液滴的形状

相比圆球体液滴而言，椭球体液滴的有效迎流面积大，具有较大的曳力系数 C_D，圆球体为 0.44，椭球形更容易被气流带出地面，所需的气井排液速度也相对较小。因此，在研究气井携液时，有必要研究液滴变形对气井携液的影响。对椭球液滴进行受力分析，建立气流对液滴的曳力与液滴的沉降重力之间的关系式，进而得到椭球形气井临界携液模型为：

$$v_{\mathrm{crit-L}} = 2.5 \left[\frac{\sigma (\rho_{\mathrm{L}} - \rho_{\mathrm{G}})}{\rho_{\mathrm{G}}^{0.5}} \right]^{0.25} \qquad (4-2)$$

式中　$v_{\mathrm{crit-L}}$——李闽模型临界流速，m/s。

3.盘状液滴模型

根据流体力学理论，一种物体在其他物体中运动时，其形状主要受四个无量纲量的影响，分别为：雷诺数、莫顿数、韦伯数、厄诺数。对于高速气流中的液滴而言，其形状主要受雷诺数、莫顿数影响。王毅忠等[96]分析了大量的气井生产数据，得到了液滴的雷诺数和莫顿数分别处在 $10^4\sim10^6$，$10^{-12}\sim10^{-10}$ 这两个范围内。经过分析认为，气井携液生产时，液滴的形状是盘状。类似于椭球形液滴，盘状液滴有更大的受力面积，更容易被携带出井口。通过修正盘状液滴模型的曳力系数为 1.17，盘状液滴气井临界携液模型为：

$$v_{\text{crit-W}} = 1.8\left[\frac{\sigma(\rho_{\text{L}} - \rho_{\text{G}})}{\rho_{\text{G}}^{0.5}}\right]^{0.25} \tag{4-3}$$

式中　$v_{\text{crit-W}}$——盘状液滴模型临界流速，m/s。

4.多液滴模型

前文介绍的各种液滴模型均是建立在单个液滴模型基础之上的，液滴在重力、浮力和曳力作用下加速上升、加速下落或处于悬浮状态或匀速运动。当浮力和曳力之和大于重力时，液滴在气流速作用下加速上升；当浮力和曳力之和小于重力时，液滴将加速下落；当浮力和曳力之和等于重力时，液滴将匀速运动或处于悬浮状态静止不动。单个液滴模型是一种理想的状态，而实际情况是气流中存在多个液滴，且各液滴的尺寸差异较大，而且流速也不相同，在这种情况下液滴之间会相互碰撞、聚合（图4-3），A、B液滴在运动过程中会相互追赶、碰撞，并聚合成一个更大的液滴AB，由于液滴AB的重力大于气流的浮力和曳力，液滴的平衡状态被打破，液滴加速下落。在下落过程中，由于在气流速度力的作用下，液滴破碎成小液滴1、2、3，而破碎的液滴在下落过程中会与其他的液滴C、D、E、F碰撞、聚合，形成大液滴（图4-4）。气流中液体含量越高，液滴浓度越大，液滴之间的碰撞、聚合机会就越大，气流中形成的大液滴尺寸也就越大。

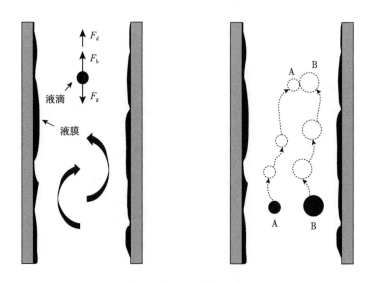

图 4-3　气流中液滴的形状

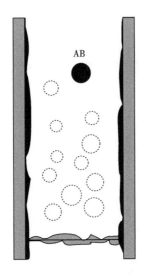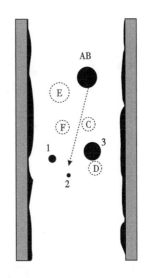

图 4-4　液滴的下落和液滴群的携带

多液滴理论指出，气流中夹带的液滴垂直方向上受到三个力，即液滴的自身重力、气体对液滴的浮力和气流对液滴向上的曳力。由于气流度较高，流态已为湍流，液滴在气流中会相互碰撞，且在相互作用过程中，较小液滴会形成较大的液滴，若形成的液滴较大，就会打破作用于液滴上的力平衡而使液滴向下坠落，从而形成积液。其宏观表现为：气体速度即使达到 Turner 临界流速时，当气井持液率到达某一值时，仍然会产生积液，此时的持液率定义为临界持液率。

持液率可表示为：

$$H_1 = \frac{v_{sl}}{v_{sl} + v_{sg}} \tag{4-4}$$

式中　H_1——持液率；

v_{sl}——井筒内某处的液体表观流速，m/s；

v_{sg}——井筒内某处的气体表观流速，m/s。

多液滴理论模型公式为：

$$\begin{cases} v_z = v_T & , \quad H_1 < 0.01 \\ v_z = v_T + \ln\dfrac{H_1}{0.01} + 0.6, & H_1 \geqslant 0.01 \end{cases} \tag{4-5}$$

式中　v_z——多液滴模型的临界流速，m/s；

v_T——Turner 模型的临界流速，m/s。

5. 杨文明模型

杨文明[151] 等在 Turner 液滴模型的基础上考虑生产管柱倾斜角度的影响。对液滴在倾斜管中的受力情况进行分析，如图 4-5 所示。液滴主要受自身重力和气体对液滴的携带力的作用。

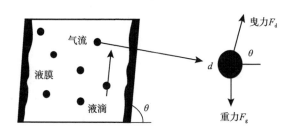

图4-5 液滴的下落和液滴群的携带

液滴的沉降重力可以表达为其重力和浮力之差：

$$F_g = \left(\rho_l - \rho_g \right) g \frac{\pi d^3}{6} \qquad (4-6)$$

气体携带液滴上升的曳力在垂直方向上的分量为：

$$F_d \sin \theta = \frac{1}{2} \rho_g C_d v_g^2 \frac{\pi d^2}{4} \sin \theta \qquad (4-7)$$

式中　F_g——液滴沉降重力，N；

　　　d——液滴直径，m；

　　　g——重力加速度，m/s^2；

　　　F_d——气体对液滴的携带力，N；

　　　C_d——阻力系数；

　　　v_g——气流速，m/s；

　　　ρ_l——液相密度，kg/m^3；

　　　ρ_g——气相密度，kg/m^3；

　　　θ——管段的倾斜角，（°）。

当气流中液滴的沉降重力等于气流对液滴的携带力垂直方向上的分量时，液滴受力平衡，液滴将相对管壁静止，此时气速 v_g 等于液滴的自由沉降速度 v_t。因此由 $F_g = F_d \sin\theta$ 可推导出携液临界气速为：

$$v_g = 1.9 \left[\frac{d \left(\rho_l - \rho_g \right)}{C_d \rho_g \sin \theta} \right]^{\frac{1}{4}} \qquad (4-8)$$

取 C_d=0.44，并推荐采用较大的韦伯数，取临界韦伯数 N_{we}=30，并增加 20% 的安全系数，推导出基于 Turner 液滴模型的倾斜管携液临界流速计算式为：

$$v_{cr} = 6.6 \left[\frac{\sigma \left(\rho_l - \rho_g \right)}{\rho_g^2 \sin \theta} \right]^{\frac{1}{4}} \qquad (4-9)$$

从受力分析可以看出，该模型忽略了液滴所受曳力水平方向的分量，其垂直方向上的分量，沉降重力可以与之平衡，但水平方向上的分量却没有力可以与之平衡，所以液滴是不可能相对管壁静止的。

6. 李丽模型

李丽[152]等以 Turner 计算模型为研究基础，同时考虑井斜角的影响，根据球形液滴的受力条件，认为其在斜井井筒运动过程中不会一直沿井筒中心线上升，而是慢慢运移至油管壁，最终沿管壁向上方滑动，如图 4-6 所示。

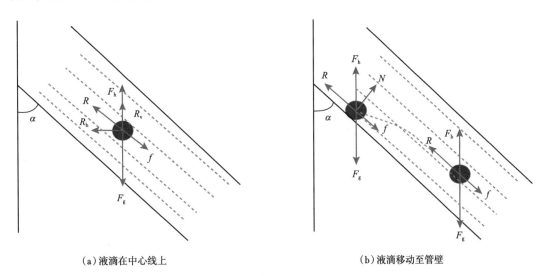

（a）液滴在中心线上　　　　　　　（b）液滴移动至管壁

图 4-6　倾斜管中液滴受力分析

假设液滴不会发生形变（呈圆形），忽略液滴之间的碰撞，则将受到天然气对其施加的曳力 R、浮力 F_h、重力 F_g、管壁的支撑力 N 和管壁的摩擦力 f。当达到临界状态时，液滴前进的动力与阻力达到平衡，平行于井壁方向的力存在以下关系式：

$$R + \left(F_h - F_g \right) \cos\alpha - f = 0 \tag{4-10}$$

垂直于井壁方向上的力存在以下关系：

$$N + \left(F_h - F_g \right) \sin\alpha = 0 \tag{4-11}$$

假设液滴是直径为 d 的理想球体，则液滴所受的力的表达式如下：

$$\begin{cases} F_g = \dfrac{\pi}{6} d^3 \rho_l g \\[2mm] F_h = \dfrac{\pi}{6} d^3 \rho_g g \\[2mm] R = \dfrac{\pi}{8} d^2 \rho_g C_d v^2 \end{cases} \tag{4-12}$$

式中　F_g——液滴所受重力，N；

　　　F_h——液滴受到的浮力，N；

R——气体对液滴的曳力，N；

d——液滴直径，m；

g——重力加速度，m/s^2；

C_d——曳力系数；

v——气速，m/s；

α——管段的倾斜角，（°）。

依据牛顿摩擦定律计算出管壁对液滴的摩擦力 f：

$$f = \lambda N \tag{4-13}$$

式中 λ——摩擦系数。

由此可推出摩擦力的计算式：

$$f = \frac{\pi}{6} d^3 \lambda \left(\rho_l - \rho_g \right) g \sin\alpha \tag{4-14}$$

李丽认为，韦伯数超过 30 时，液滴即会由于受力不平衡而破碎。因此，液滴的最大直径由式（4-15）计算而得：

$$d = \frac{30\sigma}{\rho_g v^2} \tag{4-15}$$

将式（4-14）、式（4-12）代入式（4-10）中，通过受力平衡分析，推导出斜井携液临界流量预测理论模型，其临界携液流速计算式如下：

$$v = \sqrt[4]{\lambda \sin\alpha + \cos\alpha} \left[5.5 \sqrt[4]{\frac{\left(\rho_l - \rho_g \right)\sigma}{\rho_g^2}} \right] \tag{4-16}$$

式（4-16）可化为：

$$v = A \left[6.6 \sqrt[4]{\frac{\left(\rho_l - \rho_g \right)\sigma}{\rho_g^2}} \right] \tag{4-17}$$

其中，修正系数 $A = 0.83 \sqrt[4]{\lambda \sin\alpha + \cos\alpha}$，$\lambda$ 为摩擦系数。

根据李丽模型的假设，液滴到达管壁之后仍能够以液滴形式稳定存在。但实际上是很难实现的。

7.Belfroid 模型

从水平井筒到垂直井筒，液体重力作用越来越大。倾斜角的变化，对井筒内气液两相流型有极大的影响。直井段中，液体主要沿管壁四周分布呈环状流，而水平井段中则以分层流为主。液相重力作用与流型的变化都会对连续携液临界流速产生影响。Belfroid[153]综合考虑管柱倾斜角度对液滴、液膜连续携液的影响，利用能反映临界携液流速与倾斜角度关系的 Fiedler 形状函数，结合 Turner 模型得到适用于水平井连续携液临界流速计算的半经验模型，其计算式为：

$$v_{cr} = 6.6 \left[\frac{\sigma(\rho_l - \rho_g)}{\rho_g^2} \right]^{0.25} \frac{[\sin(1.7\theta)]^{0.38}}{0.74} \tag{4-18}$$

式（4-18）中，$\dfrac{[\sin(1.7\theta)]^{0.38}}{0.74}$ 为角度相关项，适用角度范围 $5° \leqslant \theta \leqslant 90°$。

二、页岩气井临界携液新模型

随着气田开发的深入及人们对含水气井认识的进一步加深，专家学者及现场工程师逐步意识到，上述以 Turner[91] 临界流速模型为基础的气体携液模型存在一定的缺陷，即气体携液临界模型与气体中液量的多少无关。而在页岩气井压裂液返排过程中，气井返排液量变化剧烈，返排液量对气井临界携液模型的影响不可忽略。

1. 传统临界携液模型分析

目前，对于倾斜管携液问题，主流观点有两种，一种是基于液滴模型假设，认为排出气井积液所需的最低条件是使气流中的最大液滴能连续向上运动；另一种是基于液膜模型假设，认为液膜的反向流动是导致积液的主要原因，两类模型的携液机理完全不同。

液滴模型认为液滴是液体在井筒中的主要表现方式，从而假设排出气井积液所需的最低条件是使井筒中的最大直径液滴能连续向上运动。对最大液滴在气流中的受力情况进行分析，当气体对液滴的曳力等于液滴的沉降重力时，可以确定气井的携液临界流量。但传统的液滴模型在预测水平气井的携液临界流量时，忽略了生产管柱倾斜角度对携液临界流量的影响。对水平气井而言，由于液体在倾斜井段四周分布不均，更加容易在管柱中聚集导致液体回流，因而比直井更难连续携液。

谭晓华[154] 等基于气流中液滴总表面能与气体紊流动能的相等关系，并充分考虑了气体中携液量及最大液滴直径对气井临界携液流量影响，提出了考虑气体连续携液及液滴直径影响的气井新模型。对该模型的研究表明：当气体携液量较多时，液体分散为较大液滴，液滴最大直径较大，所需临界携液流量也较大；反之，当气体携液量较少时，液滴分散成的液滴较小，液滴最大直径较小，所需临界携液流量也较小。利用压力梯度判别法、井口特征观察法和临界携液产量计算法进行了积液综合判断。

Taitel 等[155] 认为：在泡状流状态下，如果液相紊流力大于气液表面张力，气相就会破裂为小气泡；而在雾状流情况下，液滴以分散相的形式存在于连续相的气体紊流之中，液滴受到企图将它破坏的紊流力与力图保持它完整的表面张力这两种相互对抗力的共同作用；在紊流状态中，液滴碰撞时相互融合和聚集，同时体积较大的液滴也会因为表面张力小于气体紊流力而被破坏。

比较 Azzopardi[156-157]、Al-Sarkhi 等[158]，以及 Simmons 等[159] 的液滴尺寸测量实验结果发现（图 4-7）：当气体处于紊流状态时存在液滴，而且在发生紊流的同时，液滴之间会彼此结合；在紊流状态下，大部分的液滴是以某一近似直径存在的，当液滴直径超过该值时，作用于液滴的紊流力会使液滴破裂；液滴的尺寸及分布主要依赖于气相与液相的流速。

图 4-8 为分别在直径 2.54cm 管道（空心符号）和直径 9.53cm 管道（实心符号）中测量得到的不同气相、液相表观流速下的液滴平均直径。由图 4-8 可看出，给定液相表观流速

时，气相表观流速越大，液滴平均直径则越小，而当给定气相表观流速时，液滴平均直径随着液相表观流速的增大而增大。

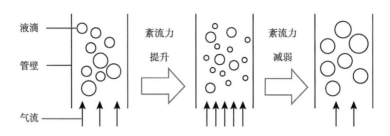

图 4-7　液滴直径与紊流力之间关系

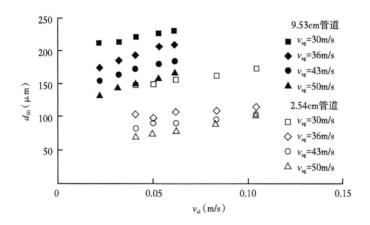

图 4-8　测量得到不同气、液相表观流速下的液滴平均直径

图 4-9 为在液相表观流速为 0.083m/s 的情况下，测量得到的不同气相表观速度下的液滴直径分布。由图 4-9 可看出，在给定液相表观流速时，气相表观流速越大，液滴的直径分布得越均衡。

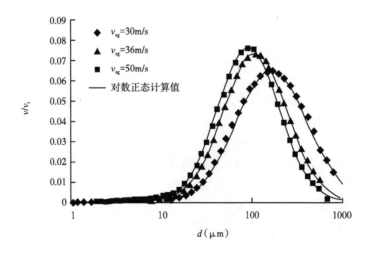

图 4-9　测量液滴分布得到不同液滴直径的液滴体积百分比

根据以上实验结果可以看出，液滴的形成主要是由于气相中的紊流力大于气液表面张力所造成的。利用韦伯数法计算发现，当液相流速越高或气相流速越低时，计算值越接近最大液滴直径值，若不满足上述两个条件，则计算的液滴直径远比最大液滴直径值要小得多。故新模型应用液滴平均直径计算模型中的临界携液流量，而不采用最大液滴直径值计算。基于以上假设，新模型提出了一种可以替代韦伯数法计算液滴直径的新方法，并将其应用于临界流量的计算过程中。

2. 液滴最大直径的推导

（1）单位长度管柱内液滴的总表面能的确定。

根据 Adamson[160] 的研究，单位面积的表面自由能等于单位面积气液相之间的界面张力，即

$$e_s = \sigma \tag{4-19}$$

式中　σ——表面张力，N/m。

假设液滴为球形，直径为 d，则在连续气相中分散液滴的总表面自由能为：

$$E_s = \frac{6\sigma A v_{sl}}{d} \tag{4-20}$$

式中　E_s——总表面自由能，W；

　　　A——管道横截面积，m^2；

　　　d——液滴直径，m；

　　　v_{sl}——液相表观流速，m/s。

（2）紊流动能的确定。

根据 White[161] 及 Zhang[162] 等提出的理论，每单位体积的气流紊流动能可表示为：

$$e_T = \frac{3}{2} \rho_g \overline{v_r'^2} \tag{4-21}$$

式中　e_T——单位体积流体的表面自由能，W/m^3；

　　　ρ_g——气体密度，kg/m^3；

　　　v_r'——径向速度，m/s。

由此，连续气相流的总紊流动能可由式 (4-22) 得出：

$$E_T = \frac{3}{2} \rho_g \overline{v_r'^2} A v_{sg} \tag{4-22}$$

式中　E_T——总紊流动能，W；

　　　v_{sg}——气相表观流速，m/s。

根据 Taitel 等[155] 和 Chen 等[163] 的研究，径向流速的平方根近似等于摩阻速度，即

$$\overline{v_r'^2}^{\frac{1}{2}} = v_{sg} \left(\frac{f_{sg}}{2} \right)^{\frac{1}{2}} \tag{4-23}$$

式中　f_{sg}——气相表观速度下的摩阻系数。

连续气相流的总紊流动能又可以表达为：

$$E_T = \frac{3}{4} f_{sg} \rho_g A v_{sg}^3 \qquad (4-24)$$

（3）液滴直径的确定。

Hinze[164] 根据表面张力和紊流动力的平衡关系，从理论上导出了分散泡状流中气泡的最大稳定直径。而新模型通过实验观察发现雾状流中也存在类似的现象，当表面张力和紊流脉动力平衡关系被破坏的时候，分散在气流中的液泡就会破裂，此时气流中液滴的总表面能与气体紊流动能瞬时相等。由此可借助该理论推导出液泡的最大稳定直径。

根据气流中液滴的总表面能与气体紊流动能瞬时相等，即

$$E_s = E_T \qquad (4-25)$$

得到连续气相中的分散液滴的平均直径：

$$d = \frac{8\sigma v_{sl}}{f_{sg} \rho_g v_{sg}^3} \qquad (4-26)$$

3. 临界携液流速的确定

Turner[91] 等指出，假设液体在井筒中的流动符合球形液滴模型，则排出气井积液的最低条件为可使气流中最大液滴能够连续向上运动。当气流中液滴的沉降重力等于气流对液滴的曳力时，液滴自由沉降达到携液临界流速，可表示为：

$$v_{sg}^2 = \frac{4gd(\rho_l - \rho_g)}{3C_d \rho_g} \qquad (4-27)$$

式中　ρ_l——液体密度，kg/m^3；

　　　C_d——曳力系数；

　　　g——重力加速度，为 $9.8m/s^2$。

表观液相流速可以表示为：

$$v_{sl} = \frac{Q_{sl}}{A} \qquad (4-28)$$

式中　Q——液相流量，m^3/s；

　　　A——油管内截面积，m^2。

A 的表达式为：

$$A = \frac{\pi D^2}{4} \qquad (4-29)$$

气井正常生产时，其井筒内流体雷诺数处于如下范围：

$$2300 < Re < 2 \times 10^6 \tag{4-30}$$

该范围中，摩阻系数可用伯劳修斯（Blasius）公式计算：

$$f_{sg} = 0.186 Re^{-0.2} \tag{4-31}$$

其中雷诺数 Re 的表达式为：

$$Re = \frac{\rho_g v_{sg} D}{\mu_g} \tag{4-32}$$

若忽略气膜所占截面积，即使用本书求取的液滴直径表达式替代 Turner 等模型的最大液滴直径，求得临界流速：

$$v_t = 4.667 \left[\frac{\sigma(\rho_l - \rho_g) Q_{sl}}{\mu_g^{0.2} D^{1.8} \rho_g^{1.8}} \right]^{\frac{1}{4.8}} \tag{4-33}$$

从水平井筒到垂直井筒，液体重力作用越来越大。倾斜角的变化对井筒内气液两相流型有极大的影响。直井段中，液体主要沿管壁四周分布呈环状流，而水平井段中则以分层流为主。液相重力作用与流型的变化都会对连续携液临界流速产生影响。综合考虑管柱倾斜角度对液滴、液膜连续携液的影响，利用能反映临界携液流速与倾斜角度关系的 Fiedler 形状函数，结合新模型得到适用于水平井连续携液临界流速模型：

$$v_t = 4.667 \left[\frac{\sigma(\rho_l - \rho_g) Q_{sl}}{\mu_g^{0.2} D^{1.8} \rho_g^{1.8}} \right]^{\frac{1}{4.8}} \frac{[\sin(1.7\theta)]^{0.38}}{0.74} \tag{4-34}$$

则气体临界携液流量为：

$$q_c = 2.5 \times 10^4 \frac{A p v_t}{ZT} \tag{4-35}$$

式中　q_c——气体临界流量，m^3/d；

　　　　Z——气体压缩系数；

　　　　T——温度，K；

　　　　p——压力，MPa。

4. 模型对比

新模型与先前的 Turner[91] 模型、Coleman[92] 模型和李闽[93] 模型的主要区别为：由于液滴直径的表达式不同，从而使得临界携液流速也不同，见表 4-1。先前模型使用韦伯数确定液滴直径，而新模型的液滴直径是基于气相紊流动能与分散液滴表面自由能相等的原理来确定的。

图 4-10 为压力 10MPa、温度 300K 和管径 62mm 的情况下，液滴平均直径与气相、液相表观速度的关系曲线。由图 4-10 可以看出，新模型与韦伯数法计算的液滴直径随气相表观速度变化趋势相一致，在高液相表观流速和低气相表观流速的情况下，新模型的计算结果接近最大液滴直径值，若不满足上述两个条件，则计算的液滴直径要远比最大液滴直径值小。

表 4-1　文献模型液滴直径与临界携液流速的比较

参数	文献模型	新模型
液滴直径	$d = \dfrac{30\sigma}{v_{sg}^2 \rho_g}$	$d = \dfrac{8\sigma v_{sl}}{f_{sg} \rho_g v_{sg}^3}$
临界携液流速	$v_t = k\left[\dfrac{(\rho_l - \rho_g)}{\rho_g^2}\right]^{\frac{1}{2}}$	$v_t = 4.667\left[\dfrac{\sigma(\rho_l - \rho_g)Q_{sl}}{\mu_g^{0.2} D^{1.8} \rho_g^{1.8}}\right]^{\frac{1}{4.8}} \dfrac{[\sin(1.7\theta)]^{0.38}}{0.74}$

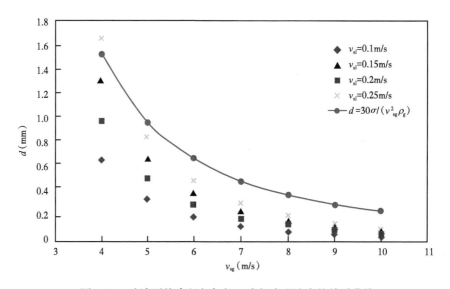

图 4-10　液滴平均直径与气相、液相表观速度的关系曲线

图 4-11 为温度 300K 和管径 62mm 的情况下，不同生产气水比（GWR）下的直井临界携液流量与压力的关系曲线，并与 Turner 模型、Coleman 模型和李闽模型做了对比（上述三种模型均没有考虑不同生产气水比的影响）。

由图 4-11 可看出，新模型与 Turner[91] 模型、Coleman[92] 模型和李闽[93] 模型预测的临界携液流量随压力变化趋势相一致，新模型预测的临界携液流量在 Coleman 模型与李闽模型预测值之间。此外，在高生产气水比的情况下，李闽模型预测的临界携液流量与新模型接近；而在低生产气水比的情况下，Turner 模型和 Coleman 模型预测的临界携液流量与新模型接近。

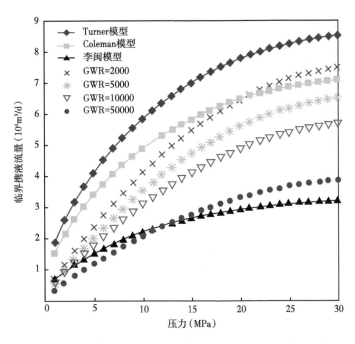

图 4-11 不同生产气水比下的气井临界携液流量关系曲线

三、川南地区气井临界携液模型研究

选择李闽模型、Turner 模型、王毅忠模型、杨文明模型、李丽模型、Belfroid 模型、新模型等 7 种模型计算临界携液流量并进行对比。

Lu203H7-4 井位于重庆市荣昌区清江镇分水村 3 组，构造位置为福集向斜北段东翼。该井于 2021 年 10 月 27 日开始生产，使用该井 2023 年 6 月 2 日测试数据，用于优选临界携液模型。

1. 临界携液模型与实测数据对比

将气井实际井身结构与测压当日生产数据（产气量、产水量）代入临界携液模型计算临界携液流量，并将各模型计算结果与气井实际产气量对比，如图 4-12 所示。

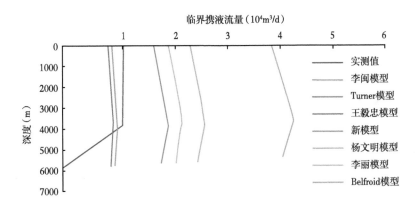

图 4-12 Lu203H7-4 井积液分析

2. 多相流模型优选结果

通过对比实测与模型计算的临界携液流量判断各临界携液模型积液情况，结果见表4-2。

表4-2　Lu203H7-4井模型优选结果

模型名称	积液判断
李闽模型	未积液
Turner 模型	积液
王毅忠模型	未积液
新模型	积液
杨文明模型	积液
李丽模型	积液
Belfroid 模型	积液

四、临界携液模型的验证

针对页岩气井井筒特殊结构，研究了页岩气井井筒积液机理，并提出相应的页岩气井井筒临界携液模型。使用川南页岩气田气井实测数据对临界携液模型进行对比与优选。

1. 验证方法

基于压力梯度法，通过实测井筒流压或静压梯度分析页岩气井井筒积液情况。利用页岩气井实际测试数据，绘制压力—深度关系曲线，当压力—深度关系曲线为一条直线时，说明气井井筒内流体分布较为均匀，井筒内未出现明显的气液分离现象，气井未积液，如图4-13所示。

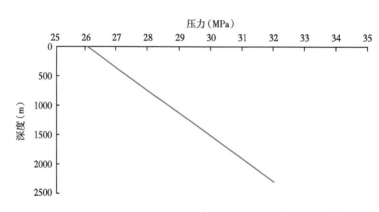

图4-13　压力梯度判别法：气井未积液

反之，如果压力—深度关系曲线在某一深度出现拐点（图4-14），说明该气井井筒内出现了比较明显的气液分离现象，即认为是出现了井底积液，出现的拐点深度即为积液对应的深度。

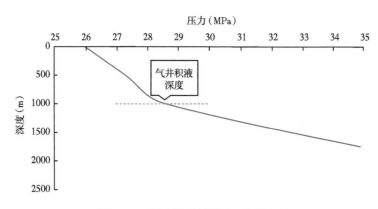

图 4-14 压力梯度判别法：气井积液

2. 验证结果

利用 7 种临界携液模型预测川南页岩气田 88 口气井的井筒积液情况，通过对比气井实际积液情况，验证各模型准确性。其中积液井有 49 口，占比 56%，未积液井有 39 口，占比 44%。

分析各类临界携液模型对气井积液情况判别的准确性，如图 4-15 所示。结果表明：李闽模型、Turner 模型、王毅忠模型、新模型、杨文明模型、李丽模型、Belfroid 模型判别准确率分别为 59.09%、63.64%、61.36%、83.33%、61.36%、59.09%、48.86%。其中，新模型判别准确率达到了 83.33%，判别效果较好。

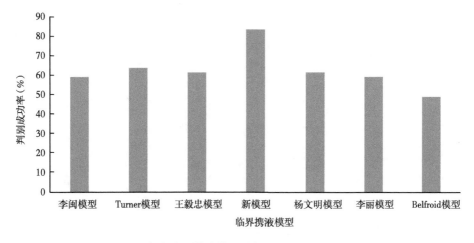

图 4-15 各类临界携液模型对气井积液情况判别准确率

第二节 全井筒临界携液流量预测

使用页岩气井全井筒压降预测模型预测页岩气井全井筒压力（图 4-16）、温度随井深的分布；利用页岩气流体特征参数预测方法，计算页岩气井全井筒气液密度（图 4-17）、流速（图 4-18）、流量（图 4-19）、黏度、持液率等参数；结合页岩气井临界携液模型，判别页岩气井全井筒积液情况。

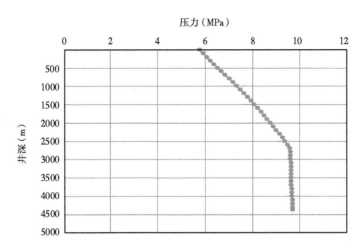

图 4-16　全井筒压力分布预测

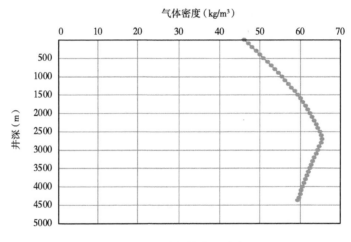

图 4-17　全井筒气体密度分布预测

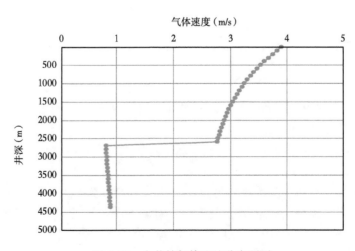

图 4-18　全井筒气体流速分布预测

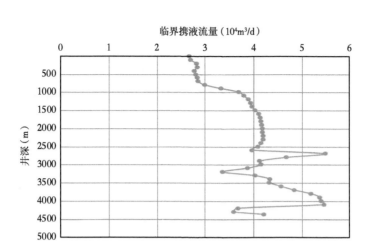

图 4-19 全井筒临界携液流量分布预测

利用页岩气流体特征参数预测方法，对以上积液井进行携液分析，得到实际产气量与临界携液流量关系图，根据该曲线判别页岩气井全井筒积液高度情况。

利用已获得的页岩气井全井筒临界携液流量分布，对比气井实际气量，分析页岩气井全井筒的积液情况，明确气井生产状况与积液位置，如图 4-20 和图 4-21 所示。

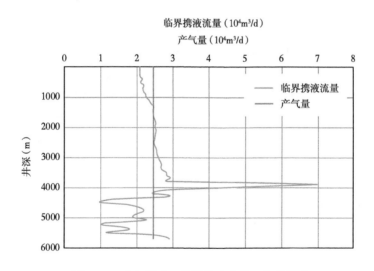

图 4-20 产气量小于临界携液流量，气井积液

Lu209 井于 2021 年 9 月 4 日开始生产，生产曲线如图 4-22 所示，2022 年 4 月 16 日下入油管，截至 2023 年 8 月 24 日，该井累计产气 $0.39 \times 10^8 m^3$，累计产水 21191.2m³。

利用已获得的页岩气井全井筒临界携液流量分布，对比气井实际气量，分析页岩气井全井筒的积液情况，明确气井不同生产时期的积液情况。

生产前期（图 4-23）：根据临界携液流量计算和实际日产气量的对比，可知积液高度在 1300m 左右。

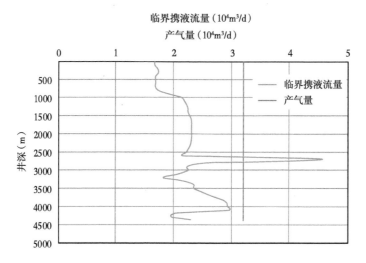

图 4-21 产气量大于临界携液流量，气井不积液

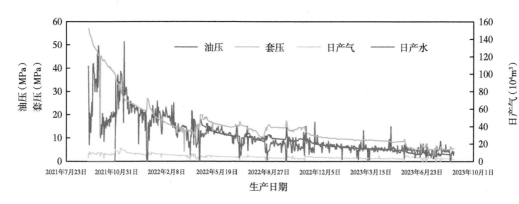

图 4-22 Lu209 井生产曲线

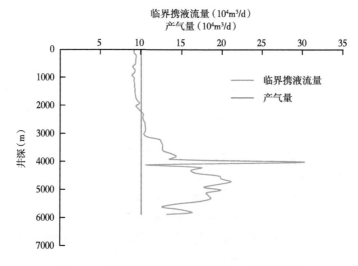

图 4-23 生产前期临界携液流量与日产气量对比

生产中期（图 4-24）：根据临界携液流量计算和实际日产气量的对比，可知积液高度在 800m 左右。

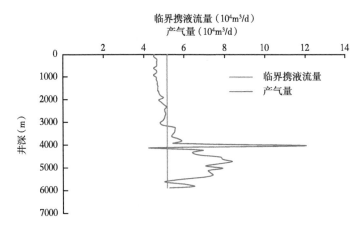

图 4-24　生产中期临界携液流量与日产气量对比

生产后期（图 4-25）：根据临界携液流量计算和实际日产气量的对比，可知积液高度在 300m 左右。

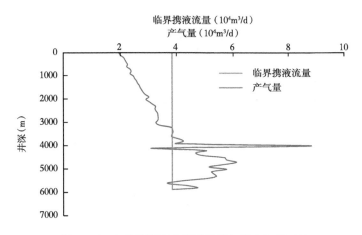

图 4-25　生产后期临界携液流量与日产气量对比

第三节　井筒积液预警方法

井筒积液预警方法包括压力梯度法、临界携液流量法、井口油套压差判断法、油套压差积液高度图版。

一、压力梯度法判别积液

基于压力梯度法，通过对实测井筒流压或静压梯度的分析判别页岩气井井筒积液情况。利用页岩气井实际测试数据，绘制压力—深度关系曲线，当压力—深度关系曲线为一条直线时，说明气井井筒内流体分布较为均匀，井筒内未出现明显的气液分离现象，气井未积液（图4-26）。

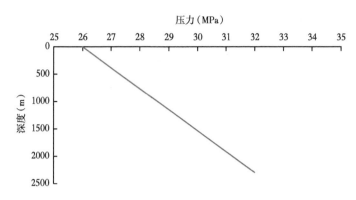

图4-26　压力梯度判别法：气井未积液

反之，如果压力—深度关系曲线在某一深度出现拐点（图4-27），说明该气井井筒内出现了比较明显的气液分离现象，即认为是出现了井底积液，出现的拐点深度即为积液对应的深度。

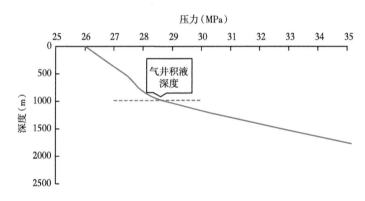

图4-27　压力梯度判别法：气井积液

利用该方法对川南页岩气田各深层常压气井进行分析，得到各井的积液情况。

二、页岩气临界携液新模型判别积液

基于页岩气井多相流动模型与页岩气井临界携液模型，结合页岩气井井身结构与生产数据，计算页岩气井沿井筒压力、温度分布，分析沿井筒流型变化与临界携液流量变化，确定页岩气井井筒积液位置。通过预测不同生产时期的页岩气井井沿井筒临界携液流量变化与页岩气井井筒积液，分析井筒积液位置随生产时间的变化规律。页岩气井井筒积液位置分析方法具体步骤为：

（1）页岩气井静态参数录入，主要包括气井井身结构参数（如井深、油套尺寸、井眼轨迹等）与流体物性参数（如气体相对密度、液体相对密度等）。

（2）页岩气井动态数据录入，主要为气井生产数据，如气井油压、套压、产气量、产水量等。

（3）计算气井不同生产时期的沿井筒压力、温度分布。以井口压力为起点，按井身取单位长度；根据温度初值公式预测每段出口温度；根据压力初值公式预测每段出口压力；计算该段内的平均压力和平均温度，计算气水的基本物性参数；根据井深结构和计算井深，利用页岩气井多相流模型计算持液率、压降等；判断出口压力是否达到精度要求；利用温度预测模型计算每段出口温度，判断出口温度是否达到精度要求；对下一段进行计算直至井底。

（4）分析气井积液状况。将计算获得的气井不同生产时期沿井筒压力、温度分布代入页岩气井临界携液模型，计算气井不同生产时期沿井筒临界携液流量，通过对比气井实际流量与临界携液流量，判断气井积液情况与积液位置。

利用该方法对川南页岩气田各深层常压气井进行分析，得到各井的积液情况。

三、井口油套压差判断法

气井井筒积液后，由于液柱密度较大，会对井底造成较大的回压，此时通过井口可以观察到生产油套压差异越来越大、产气量波动或降低、产水量不稳定、井口温度降低、产液量降低等现象。当气井关井以后，如果油套压在较长的时间内不平衡，而套管又无泄漏等现象，则表明井筒、油管鞋处有积液的可能性。开井后，如有大量液体产出，或放空提喷有液体从井内产出，表明油套不平衡是井底积液所致。

对于下入油管或者连续油管的气井，使用气井实测油套压力，产气量、产水量等生产参数，考虑气井油管或者连续油管内为多相流动，计算气井油管压力分布；考虑气井环空内为静气柱，计算环空压力分布，分析气井实际积液情况。若气井油管与环空内的压力分布交会于油管鞋位置，说明气井井筒无积液，如图 4-28 所示。

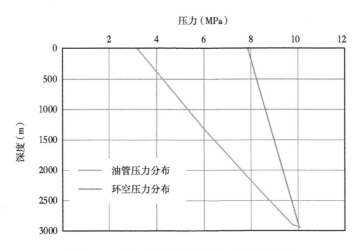

图 4-28　井口油套压差判断法：气井未积液

反之，气井油管与环空内的压力分布未交会于油管鞋位置，说明气井井筒存在积液，积液所形成的液柱占据了油管部分空间，如图 4-29 所示。

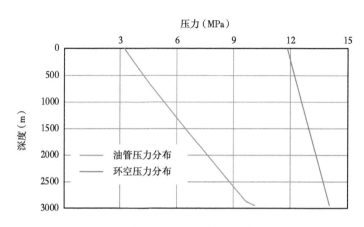

图 4-29　井口油套压差判断法：气井积液

以环空压力分布线的底端为起点，画出液柱压力分布（取液柱压力梯度为 1.0MPa/100m），液柱压力分布与气井油管压力分布的交会点，即为气井井筒积液位置，积液位置与油管口的距离为气井井筒积液高度，如图 4-30 所示。

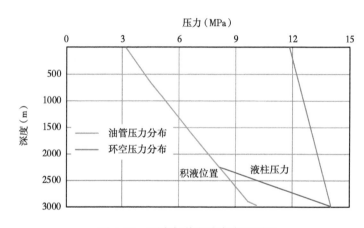

图 4-30　页岩气井积液高度预测图

利用生产气井油压及产气量，通过气井的管流压降模型，计算气井正常生产情况下的井筒理论套压，求取生产气井合理生产油套压差。对比气井实际生产油套压差与合理生产油套压差。若气井实际生产油套压差不大于合理生产油套压差，说明气井油套压差较小，气井未积液；若气井实际生产油套压差大于合理生产油套压差，说明气井油套压差较大，气井发生积液现象。气井实际生产油套压差与合理生产油套压差的差值，则可折算为气井井筒积液高度。

四、油套压差积液高度图版

根据油套压差法计算积液高度的原理，利用优选出的多相管流模型和静气柱、静液柱压降计算方法，计算井口油压为 4MPa 时不同深度、不同油管尺寸、不同产气量下油套压差对应的积液高度图版，结果如图 4-31 至图 4-60 所示。

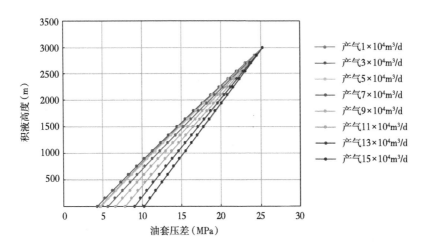

图 4-31　油套压差积液高度图版（产水 10m³；2in 油管，下深 3000m）

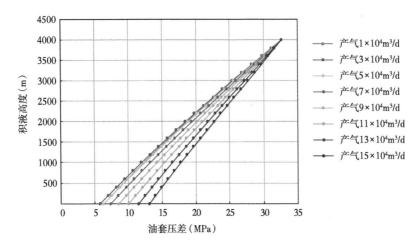

图 4-32　油套压差积液高度图版（产水 10m³；2in 油管，下深 4000m）

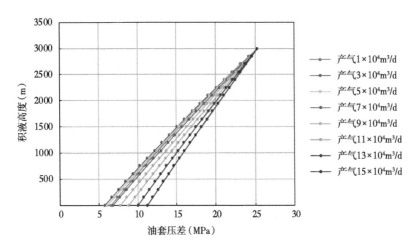

图 4-33　油套压差积液高度图版（产水 20m³；2in 油管，下深 3000m）

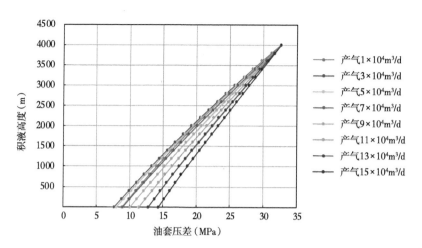

图 4-34　油套压差积液高度图版（产水 20m³；2in 油管，下深 4000m）

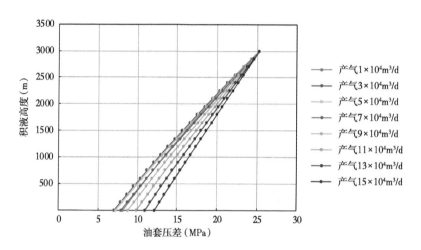

图 4-35　油套压差积液高度图版（产水 30m³；2in 油管，下深 3000m）

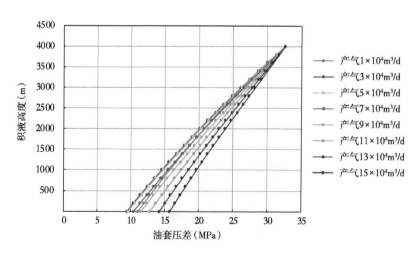

图 4-36　油套压差积液高度图版（产水 30m³；2in 油管，下深 4000m）

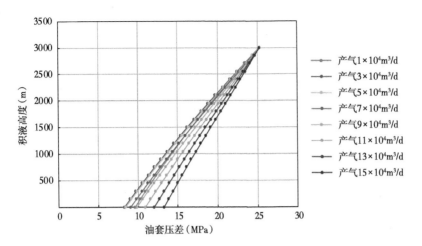

图 4-37 油套压差积液高度图版（产水 40m^3；2in 油管，下深 3000m）

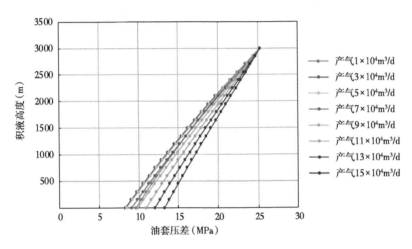

图 4-38 油套压差积液高度图版（产水 40m^3；2in 油管，下深 4000m）

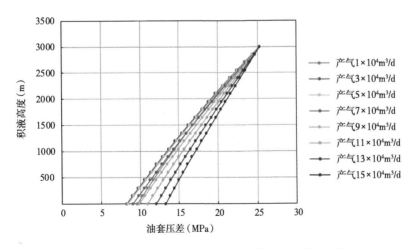

图 4-39 油套压差积液高度图版（产水 50m^3；2in 油管，下深 3000m）

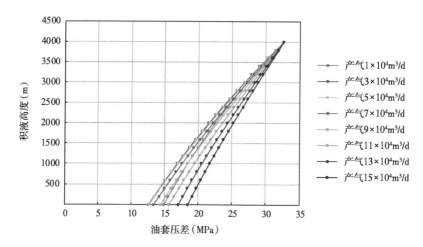

图 4-40　油套压差积液高度图版（产水 50m³；2in 油管，下深 4000m）

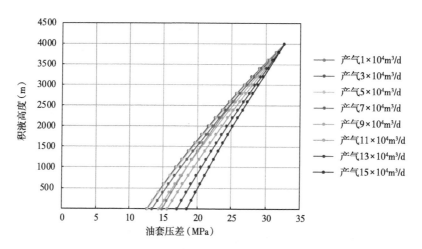

图 4-41　油套压差积液高度图版（产水 10m³；2.3in 油管，下深 3000m）

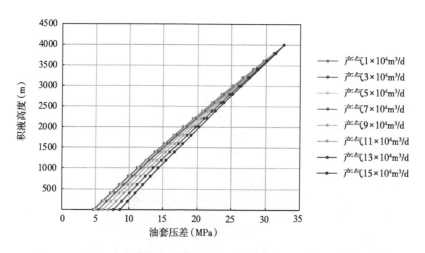

图 4-42　油套压差积液高度图版（产水 10m³；2.3in 油管，下深 4000m）

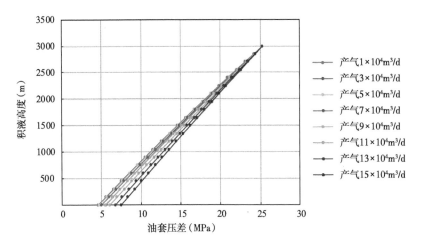

图 4-43 油套压差积液高度图版（产水 20m³；2.3in 油管，下深 3000m）

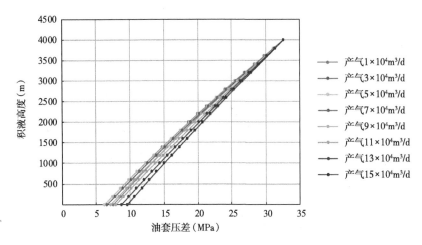

图 4-44 油套压差积液高度图版（产水 20m³；2.3in 油管，下深 4000m）

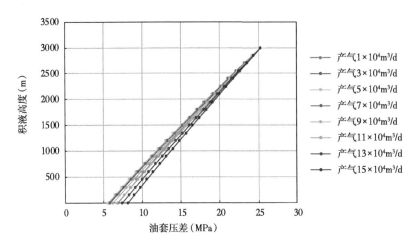

图 4-45 油套压差积液高度图版（产水 30m³；2.3in 油管，下深 3000m）

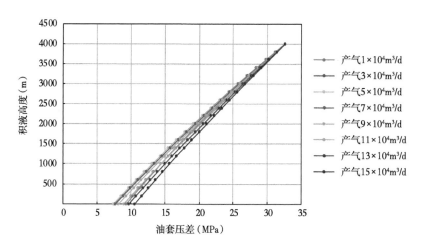

图 4-46　油套压差积液高度图版（产水 30m³；2.3in 油管，下深 4000m）

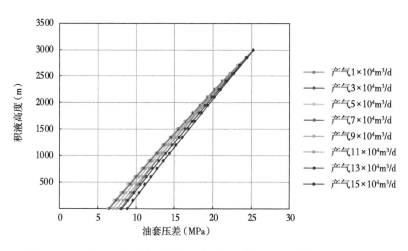

图 4-47　油套压差积液高度图版（产水 40m³；2.3in 油管，下深 3000m）

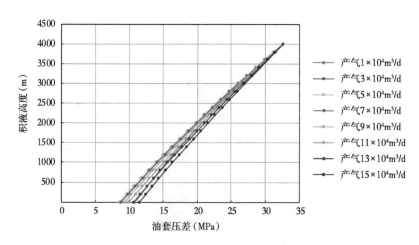

图 4-48　油套压差积液高度图版（产水 40m³；2.3in 油管，下深 4000m）

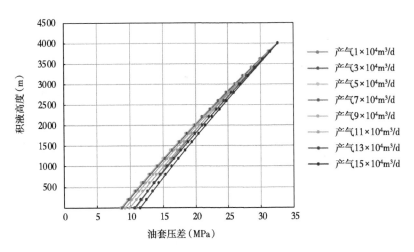

图 4-49　油套压差积液高度图版（产水 50m^3；2.3in 油管，下深 3000m）

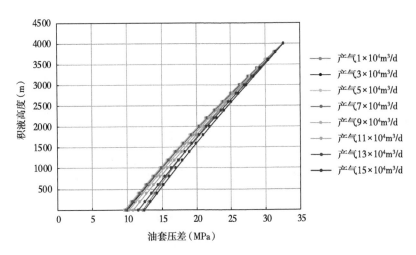

图 4-50　油套压差积液高度图版（产水 50m^3；2.3in 油管，下深 4000m）

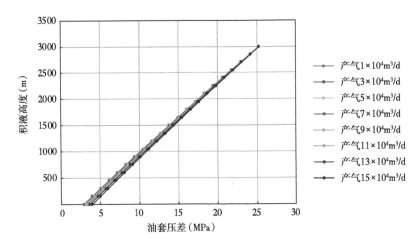

图 4-51　油套压差积液高度图版（产水 10m^3；2.7in 油管，下深 3000m）

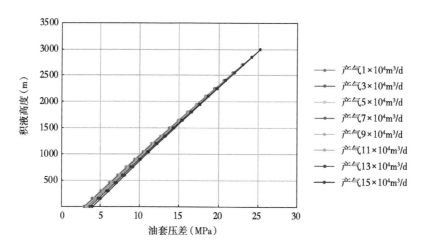

图 4-52　油套压差积液高度图版（产水 10m³；2.7in 油管，下深 4000m）

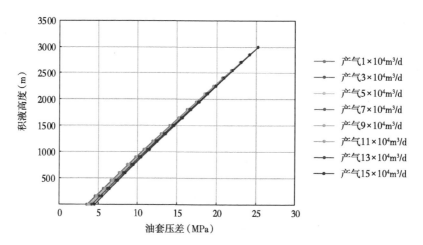

图 4-53　油套压差积液高度图版（产水 20m³；2.7in 油管，下深 3000m）

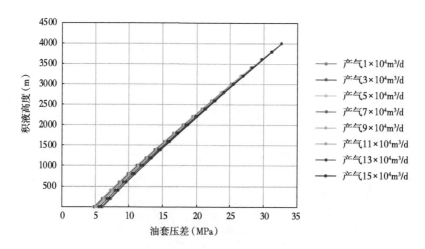

图 4-54　油套压差积液高度图版（产水 20m³；2.7in 油管，下深 4000m）

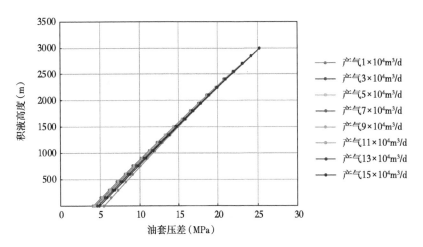

图 4-55 油套压差积液高度图版（产水 30m³；2.7in 油管，下深 3000m）

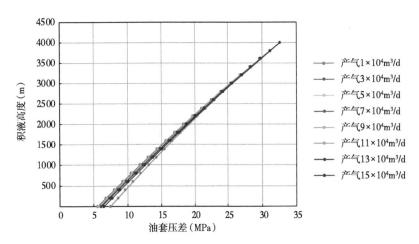

图 4-56 油套压差积液高度图版（产水 30m³；2.7in 油管，下深 4000m）

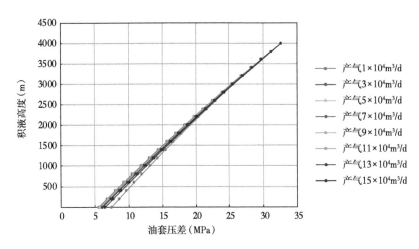

图 4-57 油套压差积液高度图版（产水 40m³；2.7in 油管，下深 3000m）

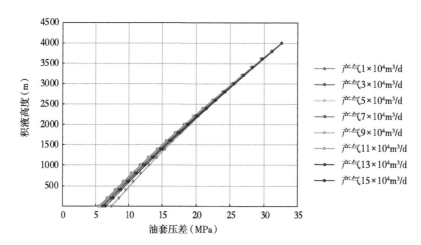

图 4-58　油套压差积液高度图版（产水 40m³；2.7in 油管，下深 4000m）

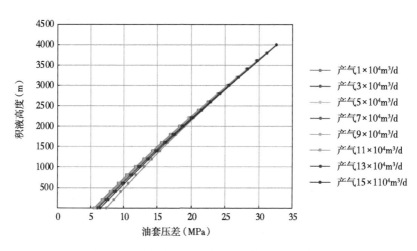

图 4-59　油套压差积液高度图版（产水 50m³；2.7in 油管，下深 3000m）

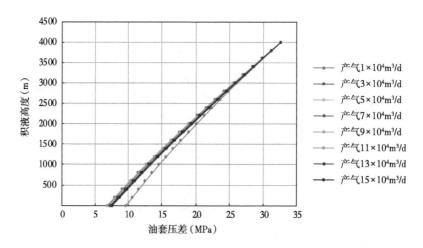

图 4-60　油套压差积液高度图版（产水 50m³；2.7in 油管，下深 4000m）

第五章 产能方程、EUR 计算方法及合理配产

产能研究和气藏动态储量评价在整个气田开发生产过程中是非常重要的一步，它为编制、调整和完善工作制度提供了物质基础，为调整开发方案和完善井网井距提供了数据前提。由于气田不同区块气藏地质特征和工程特征的不同，获取的数据资料也不同，因此需要筛选与之相适应的评价方法才能准确评价产能和气藏动态储量。本章主要对产能和气藏动态储量评价方法进行分析研究。当前的页岩气产能研究方法有测试资料分析法、产气剖面测试法、解析法及数值模拟法。常用的储量计算方法有压降法、生产动态分析法、产量累计法、产量递减法、弹性二相法、压力恢复法、压差曲线法、回归统计法和数值模拟法等十余种方法。由于配产方案的不合理，部分气井出现了井筒积液、产量和压力下降快等现象。为解决气井的合理配产这一技术难题，综合考虑节点分析法、临界携液流量、冲蚀流速，满足各曲线的范围，即为合理配产。

第一节 页岩气产能方程

页岩气藏中的气体主要存在于页岩基质及天然裂缝中，而且很大一部分气体以吸附状态赋存，所以描述吸附气变得不容易。吸附气的含量占据很大的比重，会极大地影响页岩气井的产能。当前的页岩气产能研究方法有测试资料分析法、产气剖面测试法、解析法及数值模拟法4种。本节从这4种产能研究方法入手，完整地分析综述了页岩气产能的计算方法、分析理论和研究现状，可以达到更好地认识页岩气产能研究进展的目的。

一、产气剖面测试法

气井产气剖面测试方法合理，剖面能正确反映注产气井各射孔井段的产出注入状况，为油田开发提供了科学的第一手动态监测资料。2014年8月4日江汉石油工程公司在涪陵焦石坝工区首次应用连续油管光纤产气剖面测试技术并取得成功。该技术的成功应用，填补了国内在页岩气开发中连续油管光纤产气剖面测试的空白。产气剖面测试法建立在页岩气藏的生产实践之上，用此方法来预测页岩气的产能有些不足，但是基于产气剖面能够进行回归，可以在此基础上建立拟合曲线图版，并且建立经验方程，能为现场工程师提供预判。

产气剖面测试法进展见表 5-1[165]。

表 5-1　产气剖面测试法研究进展

研究者	考虑因素及模型	成果
J.S.Shaw	无阻流量测试和压力恢复测试资料	表明虽然无阻流量测试估计的地层系数较压力恢复测试高，但不失为一种快速确定地层系数的方法
J.M.Gatens	分析每口页岩气井生产数据	提出了页岩气井产能评价的经验方法、生产数据曲线分析方法和解析方法
W.K.Sawyer	对页岩气藏产能进行了模拟和预测研究	这种没有建立在页岩气藏基础渗流模型上的预测手段也能获得良好的效果
李新景等	北美裂缝性页岩气藏的勘探开发	预测页岩储层产能的关键参数之一是吸附气含量
D.Ilk	根据 Aprs 递减	获得解析方程
钱旭瑞等	页岩气产能受有机质成熟度、有机质含量等多个因素的影响	正确评价以上因素对页岩气产能的影响具有重要的意义
白玉湖等	对每口页岩气井产量递减曲线进行预测	虽然关系图中并无明显线性规律，但仍然在某一区域具有规律，有一定的参考价值

二、解析法

解析法有两种，一是在数学模型的基础上求解解析解，二是运用叠加原理等方法得到页岩气井的产能公式。产能公式比一般水平更加复杂，因为页岩气有其特殊的存储特点，在推导产能公式时通常要用到很多数学方法及其他原理。

解析法研究进展见表 5-2[166]。

表 5-2　解析法研究进展

研究者	考虑因素及运用规律、方法、理论、模型	结果
Carlson Mercer	瞬时径向流模型 菲克扩散定律	拉普拉斯空间下的气体累产量公式 预测缝宽及长度
J.P Spivey	非线性 Langmuir 等温吸附	拉普拉斯空间域中的无量纲流量解
Fisher	复杂裂缝形态理论	建立了离散裂缝产能预测模型
M.Tabatabaei		提出了一个精确的产能评价公式
段永刚	菲克拟稳态扩散模型、点源函数方法	建立了渗流数学模型后求取了无限导流压裂井的压力响应的计算表达式

续表

研究者	考虑因素及运用规律、方法、理论、模型	结果
段永刚	井筒储集效应和表皮效应、Everdingen 和 Hurst 方法	得到拉普拉斯空间无量纲拟压力解，并且得到了页岩气藏压裂井的双对数典型曲线
段永刚	Langmuir 等温吸附方程、点源函数质量和守恒法	双重介质压裂井渗流数学模型；得出考虑解吸的页岩气藏连续点源解
李建秋	考虑解吸作用、Stehfest 数值反演	求解了无量纲拉普拉斯空间流量解并绘出了无量纲的产能递减曲线
李晓强	考虑基质中的扩散渗流和达西流	双孔双渗机理公式；获得无量纲拉普拉斯空间解
高树生	考虑滑脱效应及压裂	气井产能公式；探讨滑脱系数对产能及生产压差的影响大小
谢维扬	考虑吸附解吸、等值渗流阻力法	建立了水力压裂缝导流的后期稳定开采的渗流模型，得到水力压裂缝导流稳定渗流产能公式
王坤、张烈辉	考虑滑脱效应及有限导流	裂缝井稳态产能数学模型，稳态渗流产能公式，探讨裂缝穿透比对产能的影响（滑脱系数不同的情况下）
任俊杰、郭平	综合考虑页岩气解吸、扩散和渗流特征	建立压裂水平井产能模型，绘制了产能递减曲线

在整个解析法中，研究页岩气的产能模型因人而异，最开始是简单的压裂水平井模型，后来逐渐考虑井筒储集效应和气体滑脱效应等，再之后综合考虑各种效应，建立更加复杂、更加完善的产能模型，对产能的预测更加准确。

解析法虽然可以直观地反映产能与各参数之间的关系、计算产量等，然而它也有自己的局限性，主要为两点：一方面，产能模型依赖于渗流规律，没有正确的渗流知识作奠基，就不可能有正确的产能模型和公式。因此我国基于从国外引进的渗流等相关知识而建立的产能模型是否可行值得质疑，其是否适用也需要经过实践的检验，因为在气藏地质上，我国与国外有很大的不同。另一方面，可以发现解析法的模型中有检验论证的问题，参数的确定来源于国外的开发实践，不能肯定这与我国的情况相符合。所以这些分析结果只能作一定的参考，而不能完全使用。

三、数值模拟法

数值模拟法主要分为两种，一是在各种直井模拟软件的基础上，通过准确描述页岩气的解吸附机理来模拟页岩气的开发动态；二是应用数值模拟方法建立页岩气压裂水平井的产能预测模型。目前数值模拟模型主要包括双重介质模型、多重介质模型，以及等效介质模型 3 种。数值模拟法研究进展见表 5-3[166]。

表 5-3 数值模拟法研究进展

研究者	考虑因素及模型	成果	局限性
Carlson Williamson	双重介质模型	产能预测； 分析产能影响因素	只限于开发初期
Bustin	双重介质模型 解吸附和气水两相流动	探讨扩散和裂缝间距对产能的影响	未考虑应力敏感和滑脱效应
Wu	滑脱效应、应力敏感 多重介质模型	比较双重介质模型和多重介质模型的差别	未考虑非达西流
Moridis	多组分吸附 页岩气等效介质模型	探讨了裂缝类型等对产能的影响； 发现双渗理论与实际情况拟合较好	未考虑非达西流
C. M. Freeman	考虑非达西流，结合多组分吸附和克努森扩散、Langmuir 等温吸附方程	探讨了油藏各种参数及其物理现象对多重裂缝水平井在超低渗透油藏条件下的影响	
Schepers	三重介质模型，综合考虑扩散、解吸、达西流和两相渗流规律	准确预测产能	
孙海成	数值模拟方法	研究了基质渗透率、改造体积、主裂缝和次裂缝等对产量的影响	
钱旭瑞	数值模拟方法	探讨储层特征及裂缝特征对产能的影响	
程元方等	考虑重力及毛细管力、三孔双渗介质模型	探讨解吸、扩散和渗流规律，建立渗流微分方程，且运用数值模拟软件预测了页岩气井产能	

四、测试资料分析法

测试资料分析法多是基于页岩气藏的开采实践，这种方法对页岩气产能的预测具有明显的局限性，它受到地理位置、气藏基本地质情况、开采方案、开采工具，以及现场技术操作人员等因素的影响比较大。

由于我国缺乏相应的页岩气开采经验和相关数据的积累，不能把国外经验图表和公式直接应用到我国页岩气的开采实践中，所以这种页岩气产能预测方式在我国不可取。

测试资料分析法研究进展见表 5-4[165]。

表 5-4 测试资料分析法研究进展

研究者	考虑因素及模型	成果
A.C.Bumb	气体解吸	推导出了微分方程，给出了压降解
范子菲	气藏各向异性，井底附近非达西渗流	推导出了低渗透压裂气藏水平井产能公式
谭宁川	不同工作制度下的稳态产量和与其相对应的井底压力	确定其产能方程和无阻流量
于国栋	垂直裂缝井不稳态渗流	建立了具有垂直裂缝的气藏水平井当量模型
张利萍	解吸和吸附过程互逆	可将煤层气藏的解吸机理应用在页岩气藏中

研究者	考虑因素及模型	成果
谢维扬	吸附解吸的影响	推导出了无限导流裂缝的页岩气水平井稳态渗流公式
邓佳	页岩气的吸附解吸和应力敏感的影响	建立了页岩气稳态渗流模型
朱维耀	高速非线性渗流区	建立了二区耦合的稳态渗流数学模型，推导出煤层气井稳态渗流三项式产能方程
袁淋	页岩气的吸附解吸	采用保角变换方法得到了页岩气压裂水平井稳态渗流解析模型

第二节　动储量评价方法

动储量是指气田在流动条件下参与渗流的地质储量，准确评价气田动储量对提高气田开采程度、增加稳产时间和编制合理的开发方案都至关重要。因此，只有准确掌握气田动储量，才能对气田进行高效合理开发[167]。

常用的储量计算方法有压降法、生产动态分析法、产量累计法、产量递减法、弹性二相法、压力恢复法、压差曲线法、回归统计法和数值模拟法等十余种方法。下文简要介绍常用的压降法、流动物质平衡法、产量不稳定分析法和产量累计法。

一、压降法

压降法[168]是在关井条件下计算气藏动态储量的常用方法之一，实质上是在定容封闭气藏中物质平衡法在特定条件下的应用。其原理[169]是，对于体积恒定的封闭气藏，视地层压力与累计产气量之间存在线性关系，因此可以根据处于不同开发阶段气藏的视地层压力与累计产气量作线性回归分析计算气藏动态储量，压降法的难点在于要求采出程度在10%以上，并且需要两个以上关井测压点。优点是计算简单，结果准确可靠。

对于定容封闭气藏，压降方程为：

$$\frac{p_e}{Z} = \frac{p_i}{Z_i}\left(1 - \frac{G_P}{G}\right) \tag{5-1}$$

令 $a = \dfrac{p_i}{Z_i}$，$b = \dfrac{p_i}{Z_i G} = \dfrac{a}{G}$，则式（5-1）变为：

$$\frac{p_e}{Z} = a - bG_P \tag{5-2}$$

式中　G——气藏动态储量，$10^4 m^3$；

$\quad\quad p_e$——目前地层压力，MPa；

$\quad\quad G_P$——目前累计产气量，$10^4 m^3$；

$\quad\quad p_i$——原始地层压力，MPa；

$\quad\quad Z_i$——原始地层压力下的天然气偏差因子；

$\quad\quad Z$——目前地层压力下的天然气偏差因子。

根据气藏生产的不同阶段 p_e/Z 及对应的累计产气量 G_P，可以回归分析得到线性方程；当直线截距为 a，斜率为 b，$p_e=0$ 时，G_P 即为气藏的动态储量。

单井用压降法计算动态储量时分为以下步骤：

（1）选取生产制度稳定的单井进行关井测压以获取准确的静压数据；

（2）根据单井从投产开始到目前截止的动态生产数据计算累计产气量 G_P，用关井测压获取的静压数据比上天然气偏差因子求出视地层压力 p/Z；

（3）绘制出单井 p/Z 与 G_P 的关系曲线，进行拟合求出关系式，当关系式中 $p/Z=0$ 时，与横轴的交点即为所求的气藏动态储量。

压降法计算动态储量的最大优点是计算相对简单实用，计算结果准确可靠。但如果数据出现问题，计算出的动态储量结果也会存在误差。因此，在获取准确数据时应注意以下两点[170]：

（1）为保证所测压力的准确性，应采用高精度电子压力表进行测压；

（2）当井区井数多、井下条件复杂时，进行全井区关井成本大，不可能进行全井区关井时，需要采取单井关井方式来计算单井动态储量，但在计算单井动态储量时，压降法要求采出程度在 10% 以上，计算结果才有一定的可靠性。

二、流动物质平衡法

流动物质平衡法与传统的物质平衡 p/Z 分析极为相似，不同点在于流动物质平衡法仅需气井产量数据和流动压力即可对气田动储量进行评价分析，而物质平衡 p/Z 分析需要对气井进行关井，测试地层压力。利用流动物质平衡法评价气田动储量的难点是需要判断气井是否进入拟稳态。

基于渗流力学，对于有限的外边界封闭气藏，当压力波及地层外边界一段时间后，地层中流体的流动将达到拟稳态，此时地层中各点压力降低的速率趋于一个常数。当流体达到拟稳态后，作静止视地层压力 p_R/Z_R 与累计采气量 G_P 曲线，以及流动压力 p_{wf}/Z 与 G_P 曲线，此时两条曲线应该相互平行。当 $G_P=0$ 时，p_{wf} 即为静压，即可利用流动物质平衡方程求解气藏地质储量[171-172]。同理，利用井口套压求解地质储量，即套压所对应的视地层压力 p_C/Z_C 与 G_P 曲线应与 p_R/Z_R 与 G_P 曲线平行。

根据气井各开采阶段井口视地层压力与单井累计采出气量，建立单井流动物质平衡（压降）曲线，过原始视地层压力点作压降线的平行线，再根据该直线方程求解气田动储量。即：

$$\frac{p_C}{Z_C} = a' - \frac{b_i}{Z_i G} G_P = a' - bG_P \tag{5-3}$$

$$\frac{p_R}{Z_R} = a - \frac{b_i}{Z_i G} G_P = a - bG_P \tag{5-4}$$

式中　p_C——井口套压，MPa；

　　　Z_C——套压对应的天然气偏差因子；

　　　a'——p_C/Z_C 与 G_P 关系曲线中直线段截距。

三、产量累计法

根据气井动态生产数据，累计产气量 G_P 与生产时间 t 的变化关系式：

$$G_P = a - \frac{b}{t} \tag{5-5}$$

当 $t \to \infty$ 时，则 $b/t \to 0$，$G_P = a$，此时 a 即为动储量 G，两边同时乘以 t 得：

$$G_p t = at - b \tag{5-6}$$

由式（5-6）可知，$G_p t$ 与 t 呈直线关系，直线斜率 a 即为动储量。

产量累计法不需要进行关井测压，只需要每个生产阶段的累计产气量。该方法只能在无控制生产条件下，气藏采出程度大于 50%，产量持续递减后才能使用[173]。

具体计算步骤如下：

（1）整理单井动态生产数据，主要包括累计产气量及生产时间数据，并计算累计产气量与时间的乘积 $G_p t$；

（2）绘制累计产气量 G_P 与生产时间 t 关系曲线；

（3）判断气井是否进入了持续递减阶段，如果进入持续递减阶段，绘制出 $G_p t$—t 关系曲线，画出渐近线；

（4）最后求出此渐近线的斜率，也就是动态储量的值。

四、产量不稳定分析法

选取 Fekete 公司的 RTA 软件进行计算。该方法的主要问题是数值模型建立存在不确定性，导致动态储量评价结果多解。因此，在汇总数据处理的实际应用中，采用"分段导入，多点约束"的方法，提高拟合精度，使数值模型趋于唯一解。

产量不稳定分析法需要较为准确的单井动态生产历史数据，包括油压、套压和日产气量。因此，计算动储量之前需要对历史数据进行预处理，首先，使用套压折算法和 Culled—Smith 算法将油压及套压数据转换为储层中深压力数据，运用 RTA 软件中的 Blasingame 分析法对历史数据进行图版拟合，根据 Blasingame 图版拟合的参数建立模型，通过进一步调整渗透率、表皮系数、裂缝半长等参数，使拟合效果更好，此时预测出的动储量结果接近于实际单井动储量[174-175]。

第三节　合理配产

由于配产方案的不合理，部分气井出现了井筒积液、产量和压力下降快等现象。这些情况的出现导致气井递减变快，影响了气井最终采收率和储量动用程度。因此，在保证经济效益的情况下，为了最大限度维持页岩气井的稳产期和最终采收率，解决气井的合理配产这一技术难题尤为重要。

一、节点分析法确定合理产量

节点分析法即把气井的整个生产过程视为一个不间断的连续流动过程，将流体由储层到地面油气水分离器作为一个系统来分析。解决思路是把系统中任意点作为分析节点，通过流入和流出方程计算不同产量下的流压，然后以井底流压为纵坐标，产气量为横坐标绘制散点并拟合，两曲线相交于一点，即该点同时满足流入和流出曲线方程，因此称其为协调点，对应的产量为协调点的产量，该点即为确定的气井合理配产。如将井底流出作为节点进行分析，那么流体从储层流到井底的过程，用流入方程表示，计算所得曲线称为流入曲线，从井底到地面分离器看作是流出过程，气井的流出曲线采用垂直管管流公式计算，所得曲线为流出曲线。由于气井的产量和压力是随着开采的变化而变化，导致流入和流出曲线同样会发生变化，计算的协调产量仅是代表目前生产状态下的合理配产。另外，气井一直处于不断开采状态，所以可以将目前节点分析所得协调产量看作是目前条件下的上限产量[176]。

依据原理，确定节点分析的一般步骤：建立生产流动模型，选定节点；利用产能方程表征流体从储层到节点的流入过程，得到 IPR 曲线；同样，采取流出方程描述流体自节点到分离器的过程，为 TPR 曲线；在同一坐标系下，绘制流入和流出曲线；求解 IPR 和 TPR 曲线交点，即为气井的合理产量，亦可作为当前情况下的上限产量。

对于流入动态曲线，二项式产能方程由修正等时试井得：

$$p_r^2 - p_{wf}^2 = Aq_g + Bq_g^2 \tag{5-7}$$

变形得：

$$p_{wf} = \sqrt{p_r^2 - Aq_g - Bq_g^2} \tag{5-8}$$

根据井筒管流方程可计算出流出曲线：

$$p_{wf} = \sqrt{p_{wh}^2 e^{2sF_w} + 1.324 \times 10^{-18} \times \frac{f_{gw}}{d^5} \overline{T}^2 \overline{Z}^2 \left(e^{2sF_w} - 1 \right) q_g^2} \tag{5-9}$$

其中 $s = 0.03418 \gamma_g H / \overline{T}\overline{Z}$

式中 p_{wh}——井口压力，MPa；

       s——指数；

       F_w——含水校正系数；

       f_{gw}——摩阻系数；

       d——油管内径，m。

绘制出流入与流出动态曲线，在已知井口压力下获得最大协调产量和最小携液配产。该方法的特点是考虑了井筒的流动状态、能量消耗和地面输气的要求。

二、临界携液曲线（临界携泡曲线）确定合理产量

在气井生产过程中，当井底开始出现积液的时候，携液临界流量即为此时气体以临界流速流动时所对应的流量。在实际应用中，为了判断气井是否正常生产，临界流速往往起

到了关键性的作用。气体实际流速低于临界流速时，井内的液体便不能被气体携带出来，相反则可以携带出来。

对于采用了泡排工艺的井，临界携液流量变小，当气体实际流量大于临界携泡流量时，气井能够携液生产；小于临界携泡流量时，便不能被气体携带出来。

三、冲蚀线确定合理产量

高速气体在管内流动时会发生冲蚀，产生明显冲蚀作用的流速称为冲蚀流速。

冲蚀流速的计算公式：

$$v_e = \frac{C}{\rho_g^{0.5}} \qquad (5\text{-}10)$$

式中　v_e——冲蚀速度，m/s；

ρ_g——气体密度，kg/m³；

C——常数，$C=122$。

气井油管的通过能力要受冲蚀流速的约束，根据冲蚀流速确定的油管日通过能力为：

$$q_e = 5.164 \times 10^4 A \left(\frac{p}{ZT\gamma_g} \right)^{0.5} \qquad (5\text{-}11)$$

式中　q_e——受冲蚀流速约束的油管通过能力，10^4m³/d；

A——油管截面积，m²；

γ_g——气体相对密度。

本书综合考虑节点分析法、临界携液模型和井筒的冲蚀作用，画出 IPR 曲线、TPR 曲线、临界携液曲线（临界携泡曲线）、冲蚀线。各曲线交点内范围即合理配产区域，如图 5-1 所示。

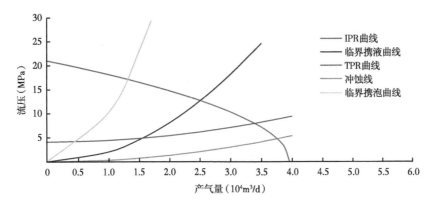

图 5-1　三区复合图

第六章　不同生产方式对 EUR 的影响分析

影响页岩气井产能因素众多，主要可划分为地质因素（储层矿物组成、孔隙度、厚度、有机质丰度与成熟度、渗透率等）、工程因素（水平段长度、压裂段数与射孔簇数、压裂液规模、支撑剂规模，以及施工排量等）两方面。本章将分别从地质因素、工程因素进行研究分析，明确主要的影响因素。同时将通过实例井的生产预测对比不同生产模式（套管生产、油管生产）、不同生产方式（控制生产与非控制生产）对 EUR 的影响。本章研究对页岩气的高效开发具有重要的意义。

第一节　地质因素对 EUR 的影响

一、页岩的矿物组成

美国的页岩气勘探实践表明，作为特殊类型天然气聚集的页岩气藏在岩性成分方面具有如下特征：页岩多为沥青质或富含有机质的暗色、黑色泥页岩（高碳泥页岩类），泥页岩中的孔隙度会直接影响游离态天然气的含量，有相关研究表明，超过 50% 的天然气通常存在于泥页岩的孔隙中[177]。岩石中各组成的质量分数一般为：30%~50% 的黏土矿物、15%~25% 的粉砂质（石英颗粒）和 1%~20% 的有机质，多为暗色泥岩与浅色粉砂岩的薄互层。

页岩气储层开采过程中决定产能的一个重要因素是岩石的矿物学特征，其中页岩气储层中脆性矿物的含量则是影响开采的主要因素；黏土矿物的含量则是影响页岩气储层吸附能力的主要因素。干岩石的含气量明显高于"湿"岩石；伊利石的吸附能力高于蒙皂石，高岭石的吸附能力最弱。而地层水矿化度对生物成因页岩气的含气量也有明显的影响。

二、页岩孔隙度

在页岩气系统中，页岩储层的孔隙度与渗透率是决定其是否具有商业开发价值的重要参数。页岩的孔隙按演化历史可以分为原生孔隙和次生孔隙；按大小可以分为微型孔隙（孔径小于 0.1μm）、小型孔隙（孔径 0.1~1μm）、中型孔隙（孔径 1~10μm）和大型孔隙（孔径大于 10μm）[178]。页岩多显示出较低的孔隙度（小于 10%），其中含气有效孔隙度仅为 1%~5%。在这些孔隙里储存大量的游离气，即使在较老的岩层，游离气也可以充填孔隙的 50%。游离气含量与孔隙体积的大小密切联系，一般来说，孔隙体积越大，所含的游离气量就越大[179]。对于单一的孔隙，由于缺乏足够的储气空间，开采初期并不具有商业开采价值，但通过后期改造行为，对其页岩裂缝进行弥补作用，可提供足够的储集空间，提高页岩气储层的产能[180]。页岩的孔隙又可分为裂缝孔隙、矿物基质孔隙和有机质中的孔隙三种。研究发现：页岩气储层中有机质中孔隙占总孔隙的比例比较大，并且孔径非常小，比面大，从而使得大量的天然气吸附在有机质的外表面，也有部分的天然气溶解于有机质（干酪根）内部；无机物粒间孔与微裂缝中存在游离态的天然气，其中裂缝有助于吸附天然气的解吸，并且能够增加游离天然气的体积。

三、页岩厚度

众所周知，广泛分布的泥页岩是形成页岩气的重要条件。同时，沉积有效厚度是保证足够的有机质及充足的储集空间的前提条件，页岩的厚度越大，页岩的封盖能力越强，越有利于气体的保存，从而有利于页岩气成藏[181]。美国五大页岩气勘探开采区的页岩净厚度为 9.14~91.44m[182]，其中产气量较高的 Barnett 页岩和 Lewis 页岩的平均厚度在 30.48m 以上。一般情况下富有机质页岩厚度一定规模连续分布的有效厚度大于 15m，TOC 较低的页岩厚度一般大于 30m，且页岩区域上需连续稳定分布，才能有效开发[183]。北美某页岩气藏有效厚度分布范围在 100~400m，这为水平井多级分段压裂开采提供了有利条件[184]。但我国四川盆地地区页岩厚度最小规模一般在 20m。目前具有开采价值的页岩净厚度最小不能够低于 6m，想要保证页岩气达到一定规模聚集，需要页岩厚度越大越好[185]。

四、页岩有机质丰度与成熟度

有机碳是形成页岩气的物质基础，同时也是衡量页岩产气能力的重要指标。有机碳的含量会受到沉积环境的影响，水生生物发育较为繁盛的区块，有利于高丰度烃源岩的形成。总有机碳的含量与吸附气的含量密切相关，富含黏土层段的有机质丰度最高，吸附性也较强，从而有利于页岩气的赋存[186]。

通过国内外研究，总有机碳含量（TOC）需要达到有机质丰度最低门槛值。美国页岩气的 TOC 含量一般大于 2%，很少部分小于 2%，但在 2.5% 以上是最好的。TOC 高的泥页岩所含的黏土矿物较多、吸附性强，有利于页岩气的赋存[187]。从国内外页岩气气源的统计情况来看，美国页岩气有机质热成熟度（R_o）通常在 1.1%~3.5%[188]。从国内外已发现的页岩储藏来看，R_o 在 0.4%~5.0% 的泥页岩都可能为页岩气聚集的气源提供好的条件，但是对于相同母质来说，热演化程度越大，其页岩气的产气也越大。

斯伦贝谢 2006 年公布了页岩气开发关键参数的下限，如：孔隙度大于 4%，含水饱和度小于 45%，含油饱和度小于 5%，渗透率大于 100mD，总有机碳含量大于 2%。富有机质页岩的厚度达一定规模，一般在 15m 以上，区域上连续稳定分布，TOC 低的页岩的厚度一般在 30m 以上，要求有一定的保存条件。

五、储层非均质性

页岩气储层中，天然气运移和存储机理对于气藏产能预测及温室气体（如 CO_2）的地质埋存非常重要。它涉及多孔介质中流固耦合现象，包括黏滞流，扩散运移，以及吸附机理。常规分析方法主要考虑了天然气与基质骨架的相互作用，却忽略了孔隙和基质骨架在空间上非均质性的影响。研究表明：储层非均质性将产生特殊的运移和动力效应，阻止天然气从基质上的解吸附，降低天然气的最终采收率[189]。

六、页岩渗透率

页岩渗透率与页岩气产能关系密切，是储层评价的重要参数之一。页岩渗透率与总孔隙度之间没有直接关系，但受孔径大小及微裂缝发育影响明显，由于页岩层理状结构特征，水平方向渗透率明显大于垂直方向渗透率[190]。

页岩储层具有超低渗透率，基质渗透率过小，渗流阻力过大，因此流体的渗流通道主要是裂缝网络系统，基质渗透率是影响基质向裂缝供气能力的主要因素，裂缝是页岩气渗流的主要通道[191]。

七、裂缝

裂缝为页岩气藏的重要渗流通道，分为天然裂缝与人工裂缝。虽然天然裂缝并不意味着对储量有贡献，但是它却可以通过影响储层改造的方式，从而对页岩气藏产能产生正面或者负面的影响。一方面，由于天然裂缝一般都被充填，在储层压裂时这些被充填的裂缝可能就是地层的薄弱地带，从而有助于改善地层的传导能力；另一方面异常裂缝和断层的存在可能导致压裂液进入无效通道，可能会使井与地质危险区域相连通[192]。

压裂产生的裂缝与天然裂缝的不同之处在于前者基本都是垂直裂缝。裂缝的评价指标主要包括：裂缝半长 X_f，缝宽 W，支撑剂充填渗透率 K_f，储层渗透率 K。人工裂缝好坏直接由无量纲裂缝导流能力 C_{fD} 来表征，所以，C_{fD} 好坏将直接影响气井的产能[193]。

除上文提到的地质因素除外，埋藏深度、压力系数、裂缝发育程度、含气量、脆性指数等也共同影响着页岩气井的产能。

第二节　工程因素对 EUR 的影响

一、水平段长度与优质储层钻遇程度

页岩气井的水平段越长，采气面积越大，储量的控制和动用程度越高，但水平井的长度不是越长越好，水平段越长，施工难度越大，脆性页岩垮塌和破裂等复杂问题越突出[194-196]；同时，由于井筒压差的存在，水平段越长，抽吸压力越大，总体页岩气产量反而降低。此外，从经济技术的角度考虑，水平段越长，钻井及开发耗费资金越多，成本越高。而优质储层钻遇程度对页岩气产能的影响更加显著[197]。

二、压裂段数与射孔簇数

压裂段数与射孔簇数是控制人工缝网规模的关键参数，一般单井压裂段数及射孔簇数越多，获得单井产能倾向于越高。

三、压裂液规模

压裂液在储层体积压裂过程中起到传递能量、输送介质、铺置压裂支撑剂的作用，并使液体最大限度地破胶与返排，形成高导流的支撑缝带。

四、支撑剂规模

压裂液进入地层时，必须携带一定的支撑剂，这样可以避免新形成的裂缝在周围应力的作用下重新闭合，影响储层改造的规模。

五、施工排量与返排率

在高排量情况下，水力裂缝延展宽度降低较小，支撑剂所支撑的体积压裂规模较大，故压裂时一般需要提高压裂施工排量[198-199]。返排率对页岩气开发的影响相对复杂，现场实践发现返排率与初期产能呈负相关关系。

第三节　套管、油管生产模式对 EUR 的影响对比

页岩气井开发初期，产量、井口压力快速增加，产气量达到峰值，大部分井直接采用空套管投产。在储层能量充足的时候，气井能带液生产，而在页岩气井储层能量快速降低、井底压力下降后，带液生产时井口压力过小，无法满足集输压力，此时就需要下入油管，提高页岩气井的携液能力，改善井筒内的积液情况，使原来的带液生产转变为携液生产，降低井筒能量损耗[200]。

当气流的实际流速、实际流量等于或大于其在相同条件下连续排液的临界流速、临界流量时，气流就能连续将进入井筒的流体排出井口。计算临界流速和临界流量的公式如下：

$$v_{kp} = 2.5\left[\left(\rho_l - \rho_g\right)\sigma\right]^{0.25}\rho_g^{-0.5} \tag{6-1}$$

$$Q_{kp} = 2.5\times10^8\frac{Av_{kp}}{ZT} \tag{6-2}$$

式中　v_{kp}——临界流速，m/s；

Q_{kp}——临界流量，m³/d；

σ——界面张力，N/cm；

ρ_l——液体密度，kg/m³；

ρ_g——气体密度，kg/m³；

A——油管横截面积，m²；

T，Z——油管鞋处井底状况下天然气的绝对温度和偏差系数。

把 $A = \frac{\pi}{4}d^2$ 代入式（6-2），得：

$$d = \sqrt{\frac{4Q_{kp}ZT}{2.5\times10^8\pi v_{kp}}} \tag{6-3}$$

式中　d——油管内径，m。

气井的临界流速和临界流量反映了气井的举液能力，影响气流举液能力主要有自喷管

柱尺寸、井底流压、油管举升高度和流体性质等因素。开发的中后期，由于气水井产量递减速度较快，往往使气井的实际产气量远远小于连续排液的临界产量，造成 $Q_r = \dfrac{Q}{Q_{kp}} \leqslant 1$，井底严重积液。此时应该优选较小直径的油管，使油管与气层重新建立协调关系。

Lu209 井于 2021 年 9 月 4 日开始生产，2022 年 4 月 16 日下入油管，截至 2023 年 8 月 24 日，该井累计产气 $0.39 \times 10^8 \text{m}^3$，累计产水 21191.2m^3。其生产曲线如图 6-1 所示。

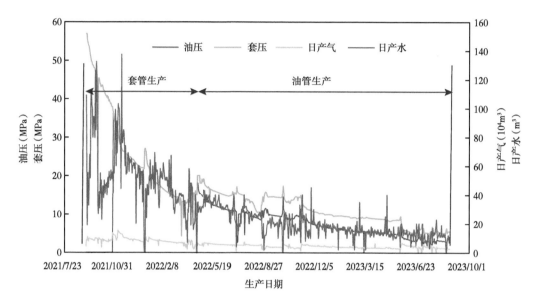

图 6-1　Lu209 井生产曲线

通过页岩气气井生产数据拟合方法，确定气井产气能力与可采储量。利用 Lu209 井生产过程中的井底流压测试数据，使用 Lu209 井产气量、产水量等生产数据作为已知参数，分别对下入油管前的套管生产阶段和下入油管后的油管生产阶段的 Lu209 井生产数据进行拟合及生产预测，如图 6-2 和图 6-3 所示。

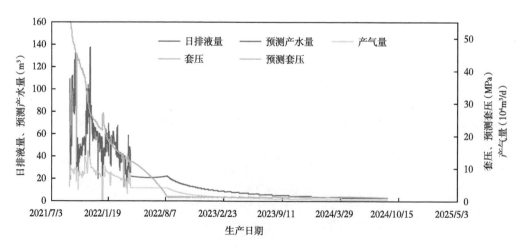

图 6-2　Lu209 井套管生产预测曲线

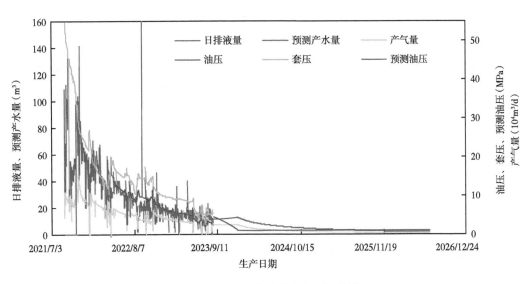

图 6-3　Lu209 井油管生产预测曲线

基于页岩气井生产数据拟合方法，求得 Lu209 井套管累计产气 0.30×10⁸m³；油管累计产气 0.49×10⁸m³。说明气井下入油管之后，携液能力提高，气井生产能力提高，EUR 增大。

第四节　控制与非控制生产方式对 EUR 的影响对比

分别采用控制（定产量生产）和非控制（放喷生产）两种生产方式对 Lu209 井进行生产预测，如图 6-4 至图 6-7 所示。

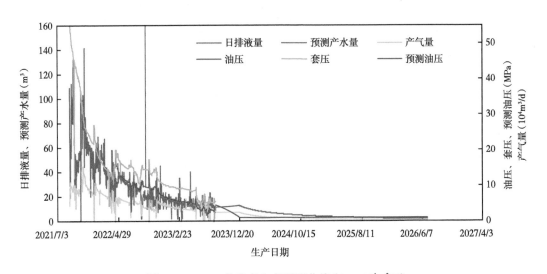

图 6-4　Lu209 井定产生产预测曲线（2.5×10⁴m³/d）

控制生产条件下气井累计产气（0.48~0.49）×10⁸m³，非控制生产条件下气井累计产气 0.46×10⁸m³。说明气井在控制生产条件下生产出的气更多，采收程度更大。

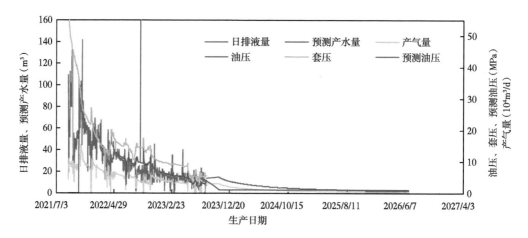

图 6-5 Lu209 井定产生产预测曲线（3×10⁴m³/d）

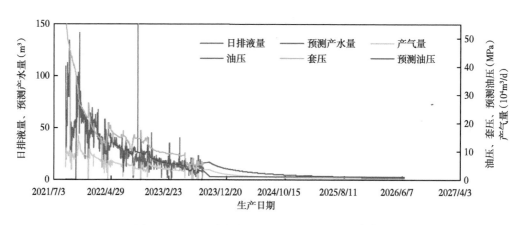

图 6-6 Lu209 井定产生产预测曲线（3.5×10⁴m³/d）

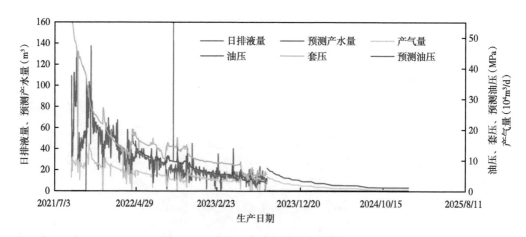

图 6-7 Lu209 井放喷生产预测曲线

第七章 开采工艺信息化、智能化新发展趋势及条件

由于老井稳产形势严峻、新增气井储量劣质化趋势明显、市场不确定性提高、现场工作量大幅上涨与自然减员矛盾加剧等因素，迫使油气行业必须进行数字化转型、智能化发展，以有效应对效率提升和可持续发展挑战，降低开发成本和风险，强化应对油气行业发展和未来市场波动的韧性。本章基于采气现状，着眼于气田物联网发展，通过数据流动构建智能闭环控制，完成从基础数据到决策指令的数据加工和处理，达到气井开采工艺信息化、智能化。

第一节 采气井筒智能化技术框架

智能气田以气井为核心对象，通过完整的气田物联网（Petroleum Internet of Things，PIOT）实现[201-203]，PIOT与常规物联网具有相似的结构和特征。PIOT以数据为中心，通过数据流动构建智能闭环控制，完成从基础数据到决策指令的数据加工和处理，基本结构和技术体系如图7-1所示。

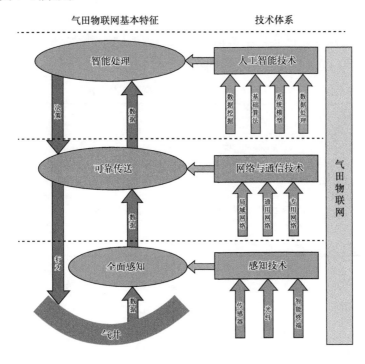

图 7-1 气田物联网特征及其技术体系

基于 PIOT 基本结构，考虑气井开发生产实际，提出了智能化采气技术框架，包含数据感知、数据传输、关键装备与工艺、数据融合等 4 项基本要素，其中前 3 项构成 PIOT 硬件基础，第 4 项为顶层软件，软硬件体系间进行实时数据和智能决策交互，如图 7-2 所示。

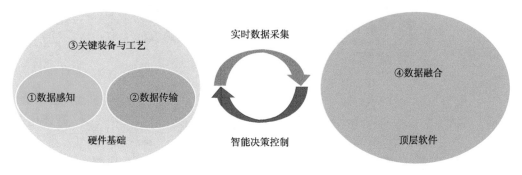

图 7-2　智能化采气技术框架图

第二节　智能化采气

本节将从数据感知、数据传输、关键装备与工艺、数据融合等 4 项基本要素进行阐述。

一、数据感知

目前天然气信息系统已实现生产信息录入、查询功能，录取参数包括井口油压、套压、产气量及产液量等，数据获取方式和频次见表 7-1。

表 7-1　目前气井数据采集类型及方法

参数	现场录取式	录取频次
油压、套压	井口压力计远传，数量极少	实时
气量	人工读取	1 次 /3d
	井口单独计量，占比约 20%，多数不具备数据远传功能	实时
液量	站内计量分离器多井轮换计量	1 次 /3d

由表 7-1 可知，目前气井数据采集类型较为单一，主要为井口和地面信息，具有覆盖范围较小、数据量小、不连续等特点。智能化采气愿景中，应实现低成本、实时、连续计量，明确气井井筒携液状况及井下生产动态变化规律，为排采措施优选及优化、生产制度调整提供基础依据。智能化采气核心参数、获取方法、技术现状和作用等见表 7-2。

表 7-2　智能化采气核心参数及现状

核心参数		获取方法	技术现状	作用
地面	气量、液量	多相流量计	基于射线的多相流量计量技术成熟，成本高，单井实时计量未规模推广	计算井筒温度压力剖面，评价井筒携液能力，分析生产递减规律和气井流动阶段，为控压生产和排采措施优化提供依据
	油套压及BC环空压力	压力传感器	成熟，测试数据远传尚未规模推广	间接评价气井生产递减规律；间接评价井筒积液情况；评价井筒完整性
井下	流压 自喷	计算	计算模型成熟	评价气井全井筒携液能力、井筒积液情况及其动态变化规律，为掌握气井动态、指导措施优化提供依据
		井下压力梯度	成熟	
		测试		
	流压 泡排	钢丝投捞作业	成熟、成本高、无法实现在线监测	
		毛细管测压	成熟，工艺待集成	
	流压 气举	计算	成熟	
	流压 柱塞	柱塞测压	成熟，智能化程度待提高	
	动液面	液面仪		准确测量动液面，评价井筒携液能力和排采工艺效果

二、数据传输

气井管柱结构和特点与油井具有较大差异，措施实施需要带压或压井作业，工艺复杂，成本较高。目前较为适合气井的数据传输方式为预置电缆，一般用于强排措施，满足井筒与地面的高效双向数据交互需求；除此之外，目前缺乏适用于气井特点的双向通信技术，气井井下数据上传主要通过柱塞或其他间接方式实现。智能化采气数据传输的重点是井下流压、动液面等参数的获取与上传，应更加关注适用于不同排采阶段个性化数据传输技术。此外，地面数据传输网络与油井类似，应构建单井、井场、数据中心之间的标准化、高效率数据传输通道。

三、关键装备与工艺

以先进感知和可靠传输技术为基础，形成高效率、低成本、系列化、施工简便、具有广泛推广价值的智能采气装备与工艺，建立感知、互联、控制一体化的硬件系统，代表性关键装备及工艺见表 7-3。

表 7-3　智能化采气关键装备与工艺

装备与工艺	应用范围	技术现状	用途
智能可调气嘴	全覆盖	成熟，待推广	针对精细控压气井，通过自动可调油嘴实时调整油嘴开度，达到气井全周期精细控压生产目的
智能化泡排加注装置	弱喷气井	硬件基本成熟，但泡排加注制度靠人工摸索	针对泡排措施气井，智能化调控泡排药剂加注量及加注制度，发挥泡排工艺措施作用

续表

装备与工艺	应用范围	技术现状	用途
智能泡排加注和测压一体化装置	弱喷气井	单项技术成熟，工艺待集成	将泡排剂直接加注到产层位置，提升泡排效果；自动切换泡排和测压流程，实现压力在线监测
智能化柱塞排采一体化装置	重点气井	智能柱塞待攻关	针对柱塞举升气井，动态监测井下压力，实现气井井筒产积液动态评价，智能化调控柱塞工作制度

四、数据融合

基于气井不同生产阶段动静态数据，构建气井全生命周期采气工艺优选评价及参数优化模型，开展生产递减规律、井筒携液能力、井筒流态和产积液等综合评价分析[204-205]，智能优选气井全生命周期排采工艺和优化工艺参数，评价工艺效果，达到气井有效发挥产能和长期稳定生产目的。气井全生命周期采气工艺优选评价及参数优化模型具有生产规律及井筒产积液评价分析、井筒井况分析评价、全生命周期采气工艺优选、采气工艺参数调整优化、采气工艺措施适应性及经济性评价等功能。

1. 生产规律及井筒产积液评价

分析基于气量、液量、井口压力和井筒液面等实时动态数据，分析气井生产递减规律，动态评价井筒携液、流态和产积液状况。生产规律及井筒产积液评价子模型及其技术现状等见表7-4。

表7-4 气井生产规律及井筒产积液评价分析

子模型	作用与实现方式	所需核心参数	技术现状
全井筒临界携液评价模型	综合评价井筒携液状况，确定井筒不满足携液的位置和时机	产气量、产液量、井口压力、井筒液面	临界携液模型基本成熟，需攻关全井筒携液动态分析模型
井筒流态动态评价模型	基于井筒流态模型，进行井筒流态分析，动态评价气井井筒流态		稳态法分析井筒流态技术成熟，需结合实时动态数据，进一步攻关动态分析模型
生产试井递减规律分析模型	基于现代递减分析，实现产量、流压、地层压力预测		试井解释方法成熟，需结合动态监测数据校正模型

2. 井筒井况分析评价

基于完井井身结构，评价气井生产及排液能力，为措施调整提供依据；基于B、C环空压力及腐蚀速率实时监测数据，保障井筒各级屏障长期稳定。子模型及技术现状等见表7-5。

表7-5 井筒井况分析评价

子模型	作用与实现方式	所需核心参数	技术现状
排采流动通道评价	基于不同完井方式及井下生产管柱状况，分析计算气井生产及排液能力	允许通过气量、极限排液量	特殊工况流动通道分析方法需完善
环空带压评价	根据各级套管抗内压强度设定环空压力预警值，基于B、C环实时监测压力，判断环空带压情况，实现超压预警	B、C环空压力	成熟
腐蚀评价	通过井口腐蚀挂片开展腐蚀监测，定期评价腐蚀速率，为调整加药制度提供依据，满足井筒防腐性能需求	腐蚀速率	成熟

3. 全生命周期采气工艺优选

基于气井产状、工况综合评价、不同生产阶段特征，科学评估优选经济高效采气工艺措施及生产工艺切换时机。子模型及作用、技术现状等见表7-6。

表7-6 全生命周期采气工艺优选

子模型	作用与实现方式	所需核心参数	配套采气工艺现状
管柱排采阶段精细控压生产制度调整优化	基于气井产状和工况综合评价，优选经济高效采气工艺措施	临界气量、液量、压力范围	技术可行，需根据气井不同生产阶段优化控压规则
低压自身能量生产阶段排采工艺优选及参数优化			泡排和柱塞智能化排采应用国内有应用试验
外部能量助排生产阶段排采工艺优选及参数优化			气举智能化排采应用国内有应用试验
高产液生产阶段排采工艺优选及参数优化			进口电潜泵高液量排水采气技术成熟，智能化合理供排调控技术需完善及推广

4. 采气工艺参数调整优化

基于不同排采工艺措施的动态数据，智能调整不同工况条件下气井排采工艺参数。子模型及其作用、技术现状等见表7-7。

表7-7 采气工艺参数调整优化

子模型	作用与实现方式	所需核心参数	技术现状
智能控压模型	基于生产动态分析和产能预测，建立不同阶段控压指标和油嘴调控规则；通过油嘴开度计算、生产式井流态诊断、解析法产能预测、管流模型流压校正，实现全生命周期精细控压生产	井口压力、产气量、产液量、油嘴开度	试验阶段，待完善
智能泡排模型	基于生产动态和临界携泡分析，分析泡沫携液能力、加注参数与排液关系、加注量与经济性关系，实现加注制度智能化分析与优化	产气量、产液量、加注药剂量、井口压力	常规泡排加注工艺成熟，智能调控技术待完善
智能柱塞举升模型	基于瞬时携液和载荷系数评价分析，分析诊断运行状态和压力恢复情况，评价合理运行参数，实现柱塞气举参数优化与运行状态诊断	产气量、产液量、井口压力、井筒流温流压、开关井时间、柱塞运行状态	常规柱塞工艺成熟，智能调控技术有待完善
智能气举排采模型	基于气举过程携液动态评价，分析合理流压和合理注气量，评价合理气举制度并智能优化	产气量、注气量、产液量、井口压力、注气周期	常规气举工艺成熟，智能调控技术有待完善
智能电潜泵排采模型	基于电泵排采效果与储层供给关系，分析储层气液供给、电泵工况，以及运行参数与排液关系，智能调节电泵运行参数	井口压力，泵出入口压力、温度，电机运行频率、输出电流	试验阶段，待完善

5. 采气工艺措施效果及适应性评价

基于气井排采措施前后实时生产动态数据，定量评价不同排采措施增产效果、减缓递减效果、井筒积液排出效果，同时结合工艺经济性评价，指导气井措施调整。子模型及作用、技术现状等见表7-8。

表 7-8　采气工艺措施效果及适应性评价

子模型	作用与实现方式	所需核心参数	技术现状
井筒排液效果评价分析模型	根据措施前后产气量、液量、油压实时评价全井筒携液和井筒流态	产气量、产液量、井口压力、井筒液面	临界携液模型已成熟，需进一步攻关全井筒携液动态分析模型；稳态法分析井筒流态技术成熟，需进一步攻关动态分析模型
工艺增产及减缓递减效果评价分析模型	实时监测措施前后气井气量、液量、压力变化动态，判断工艺措施增产及减缓递减效果，及时调整措施、优化参数	产气量、产液量、井口压力	递减规律分析技术成熟
工艺经济性评价分析模型	综合评价气井措施增量及投入成本，确定工艺效益应用边界条件，指导气井措施调整及参数优化	措施增量、气价、措施成本	不同工况条件排采工艺效益评价方法需完善

第八章　页岩气井工艺介入时机

页岩气井在投产初期大多采用套管作为生产管柱，中期在生产压力接近输压和低于临界携液流量期间，通过带压下油管作业下入油管生产，采取泡排、气举和柱塞的人工举升工艺措施都取得了不同的增产效果。目前，排水采气工艺的适用性分析主要基于工艺技术特点或工艺实际运用经验，对于工艺的技术界限研究不够明确。并且，由于不同工艺可行性判别方法复杂、烦琐，增加了理论指导的困难度，推广性不强。因此，建立一个评判标准统一、使用简单快速的工艺技术界限判别方法对提高工艺效率有着实际意义。本章将通过最小井底流压准则和实验确定排采工艺适应界限。

第一节　排水采气工艺最小井底流压准则研究

目前国内外排水采气工艺主要有：优选管柱、连续油管、泡沫排水、机抽（含小泵深抽、气动机抽）、柱塞举升、气举（含柱塞气举、气体加速泵、射流泵、电潜泵（通常为变频机组）、螺杆泵（含潜油螺杆泵）、液压气泵、增压开采（含高低压分输）等，以及气举—泡排、气举—机抽、增压—气举—泡排、电潜泵—机抽等组合排液采气工艺技术。工艺井深可达到 5000m 以上，排水量可达到 $1000m^3/d$。

然而，由于页岩气井水平井受井眼轨迹、井内管串结构、高临界携液流速的影响，水平井排水采气的难度明显高于常规直井。根据前期调研及现场实施情况，由于井身结构的影响，电潜泵、机抽，以及射流泵排水采气工艺应用成本较高和安装结构复杂，不宜采用，因此本节主要从优选管柱、泡排、气举、柱塞气举四个工艺进行选择研究。以下通过对这四类排水采气工艺选井原则、工艺局限性等方面进行研究，得到目前主要排水工艺的适应性及其技术界限，建立适应性图版，对气井的排采工艺进行技术优选。

一、优选管柱排采工艺

优选管柱排水采气工艺是在有水气井开采的中后期，重新调整自喷管柱的大小，减少气流的滑脱损失，以充分利用气井自身能量的一种自力式气举排水采气方法。

众所周知，在设计自喷管柱时，必须从两个相反影响的条件出发，为确保连续带出地层流入井筒的全部液体，在自喷管鞋的气流速度必须达到排液的临界速度；当气体沿着自喷管柱流出时，必须建立合理的最低压力降，以保证井口有足够的压能将天然气输进输管网和用户。因而优选合理管柱有两个方面：对流速高，排液能力较好的大产水量气井，可增大管径或采用套管生产，以达到减少阻力损失，提高井口压力，增加产气量；对处于中后期的气井，因井底压力和产气量均较低，排水能力差，则应更换较小管径，即采用小油管生产，提高带水能力，排除井底积液，使气井正常生产，延长气井的自喷期。

稳定自喷排水采气的两个条件：

（1）气流流速必须达到连续排液的临界流速；

（2）井口有足够的压能。

因此，施用优选管柱排水采气工艺，必须满足地层压力系数（Y）高于工艺所需地层压力系数（$Y_{\min}$）及井筒流量（Q_g）大于临界携液流量（Q_{kp}），即：

$$
\begin{cases}
Y \geqslant Y_{\min}\left(Q_w, Q_g, d_{in}\right) \\
Q_g \geqslant Q_{kp}
\end{cases}
\tag{8-1}
$$

优选合理管柱涉及两个方面的内容：对流速高、排液能力较好、产水量大的气井，应增大管径生产，以达到减少阻力损失，提高井口压力，增加产气量的目的；对于中后期的气井，井底压力及产量均降低，排水能力差，则应采用小油管生产，以提高气流带水能力，排除井底积液，使气井正常生产。优选管柱排水采气工艺界限研究技术路线如图 8-1 所示。

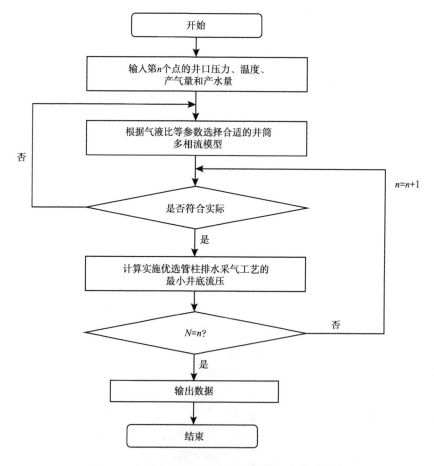

图 8-1　优选管柱排水采气工艺界限研究技术路线

当气流的实际流速、实际流量等于或大于其在相同条件下连续排液的临界流速、临界流量时，气流就能连续将进入井筒的流体排出井口。计算临界流速和临界流量的公式如下：

$$v_{kp} = 2.5 \left[\left(\rho_l - \rho_g \right) \sigma \right]^{\frac{1}{4}} \rho_g^{-\frac{1}{2}} \tag{8-2}$$

$$Q_{kp} = 2.5 \times 10^8 \frac{A v_{kp}}{ZT} \tag{8-3}$$

式中 v_{kp}——临界流速，m/s；

Q_{kp}——临界流量，m³/s；

σ——界面张力，N/cm；

ρ_l——液体密度，kg/m³；

ρ_g——气体密度，kg/m³；

A——油管横截面积，m²；

T，Z——油管鞋处井底状况下天然气的绝对温度和偏差系数。

气井的临界流速和临界流量反映了气井的举液能力，影响气流举液能力的因素主要有自喷管柱尺寸、井底流压、油管举升高度和流体性质等。开发的中后期，由于气水井产量递减速度较快，往往使气井的实际产气量远远小于连续排液的临界产量，造成井底积液。此时应该优选较小直径的油管，使油管与气层重新建立协调关系。

本节分别考虑不同优选管柱尺寸、排水量与产气量，以及油套压，计算实施优选管柱排水采气工艺所需最小井底流压，将计算结果绘制成图版，在实际工作中可以方便地根据管柱尺寸、排水量与产气量等参数查出实施优选管柱排水采气工艺所需最小井底流压。各图版如图 8-2 至图 8-7 所示。

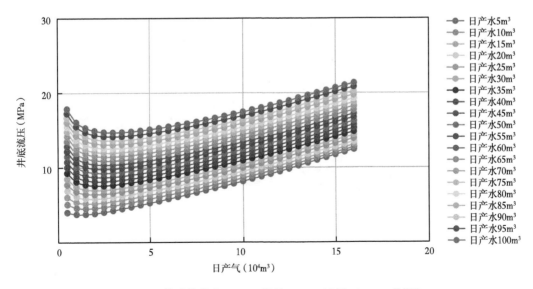

图 8-2　优选管柱（43.4mm 管径 +1MPa 油压 +2500m 井深）

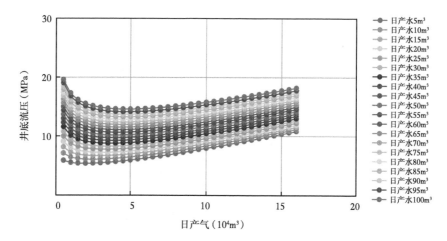

图 8-3 优选管柱（50.3mm 管径 +2MPa 油压 +3000m 井深）

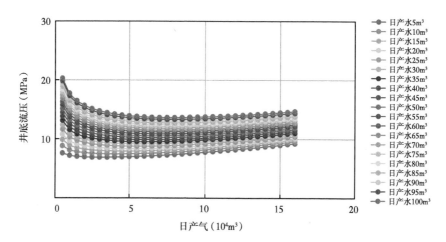

图 8-4 优选管柱（62mm 管径 +3MPa 油压 +3500m 井深）

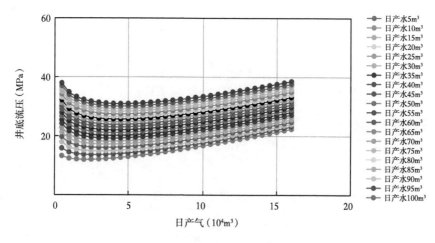

图 8-5 优选管柱（43.4mm 管径 +3MPa 油压 +3500m 井深）

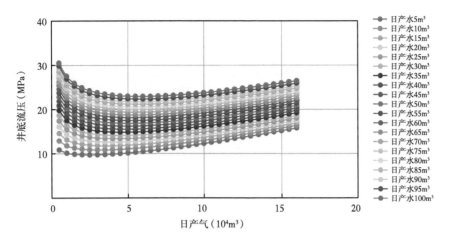

图 8-6　优选管柱（50.3mm 管径 +4MPa 油压 +4000m 井深）

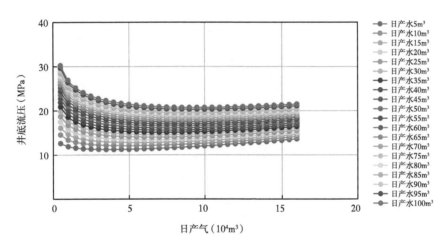

图 8-7　优选管柱（62mm 管径 +5MPa 油压 +4500m 井深）

在实际应用中，可以通过计算工艺前气井的实际井底流压与相同条件下该井实施优选管柱排水采气工艺所需最小井底流压进行对比，即可判断该工艺是否技术可行。

二、气举排采工艺

气举排采工艺是借助外来高压气源和特定装置使被举井连续或间歇排液的人工举升工艺。通过向井内注入高压天然气，利用气举阀逐级排除井筒和井底附近的积液，恢复井的生产。

工艺选井原则：连续气举排水采气工艺适合于水淹井复产及气藏强排水，选井要求一般包括：

（1）开式气举：井底静压 $p_r \geqslant 15MPa$，产水量 50~250m³/d；

（2）半闭式气举（正举）：井底静压 $p_r \geqslant 10MPa$，产水量 50~250m³/d；

（3）半闭式气举（反举）：井底静压 $p_r \geqslant 14MPa$，产水量 300~400m³/d，最高可超过 1000m³/d；

（4）闭式气举：井底静压 $p_r \geq 8\text{MPa}$，产水量 $50\sim150\text{m}^3/\text{d}$；

（5）井深不大于 5000m。

工艺优点：（1）工艺对井斜、井深、出砂、结垢、腐蚀介质，以及气液比的变化等的适应能力强；（2）排液量大，单井增产效果显著；（3）可多次重复启动，与投捞式气举配合可减小修井作业次数；（4）设备配套简单，管理方便，投资少；（5）易测取液面和压力资料，设计可靠，经济效益高等。

工艺局限性：（1）该工艺受注气压力和举升压力对井底造成的回压影响，不能采至枯竭；（2）闭式气举排液能力较小，一般不超过 $100\text{m}^3/\text{d}$；（3）需要高压气井或工艺压缩机作高压气源；（4）套管必须能承受注气压力，高压施工对装置的安全可靠性要求高；（5）半闭式、闭式气举若要调整工艺参数或更换排水工艺，施工作业较麻烦。

连续气举排水采气工艺评价指标主要包括：油管内外径、套管内径、气量、产水量和地层压力系数，气量为产气量与注气量之和。连续气举排水采气工艺须满足地层压力系数高于工艺所需地层压力系数，即：

$$Y \geq Y_{\min}\left(Q_w, Q_g, d_{in}, d_{out}, D\right) \tag{8-4}$$

根据不同的排水量、产气量，选用不同的井筒两相流模型，计算实施工艺所需最小井底流压。气举采气工艺界限研究技术路线如图 8-8 所示。

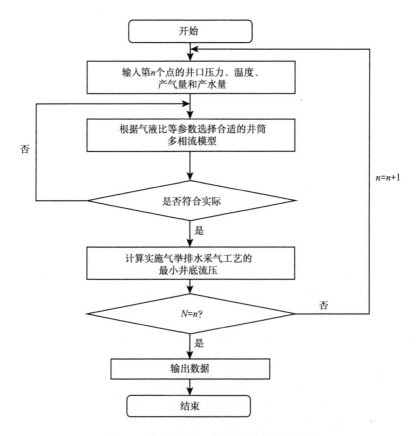

图 8-8　气举采气工艺界限研究技术路线

在连续气举的过程中，井底流动压力可用式（8-5）表示：

$$p_{wf} = p_{tf} + G_{fa}L + G_{fb}(D-L)$$ （8-5）

式中 p_{wf}——井底流压，MPa；

p_{tf}——井口压力，MPa；

G_{fa}——注入点以上的平均压力梯度，MPa/m；

G_{fb}——注入点以下的平均压力梯度，MPa/m；

D——井深，m；

L——注入点深度，m。

本节分别考虑不同油套管组合、排水量与产气量、油套压，计算实施气举排水采气工艺所需最小井底流压，并将结果绘制成图版。在实际工作中可以方便地根据油套管组合、排水量与产气量等参数查出实施气举排水采气工艺所需最小井底流压。各图版如图 8-9 至图 8-14 所示。

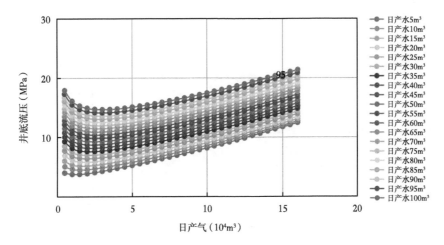

图 8-9　气举（43.4mm 管径 +1MPa 油压 +2500m 井深）

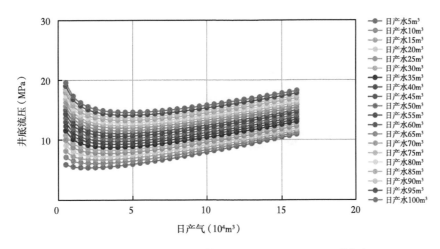

图 8-10　气举（50.3mm 管径 +2MPa 油压 +3000m 井深）

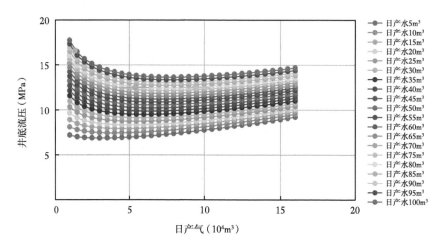

图 8-11　气举（62mm 管径 +3MPa 油压 +3500m 井深）

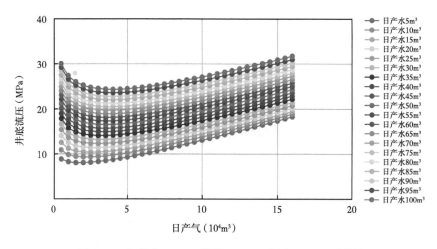

图 8-12　气举（43.4mm 管径 +3MPa 油压 +3500m 井深）

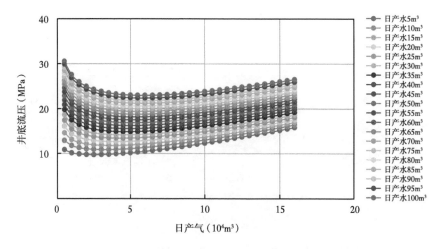

图 8-13　气举（50.3mm 管径 +4MPa 油压 +4000m 井深）

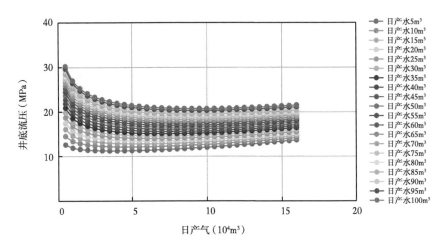

图 8-14 气举（62mm 管径 +5MPa 油压 +4500m 井深）

在实际应用中，可以通过计算工艺前气井的实际井底流压与相同条件下该井实施气举排水采气工艺所需最小井底流压进行对比，即可判断该工艺是否技术可行。

三、柱塞排采工艺

柱塞气举技术是通过利用油井气层的气体（或外加气源气体）推动井下柱塞，举升油层液体的一种间歇举升方式。柱塞在被举升液体和高压气体之间起分隔作用，以减小气相和液相的滑脱损失，从而提高油井的举升效率。根据气源的不同，柱塞气举技术分为外加气源气举和本井气柱塞气举。

工艺优点：（1）能提高举升效率；（2）井下设备可以用绳索作业方便地起下安装，设备投资少，使用寿命长，维修成本低；（3）柱塞上下移动可防止结垢。

工艺局限性：（1）要求油管完好畅通、井底清洁，内径尺寸统一；（2）要求气井产气、产水量小，有特定的气液比；（3）工作制度需人工调整而定，生产效果因井而异。

工艺选井原则：

（1）井具有一定的产能，为带液能力较弱的自喷或间喷生产井；

（2）日排液量不大于 30m³；

（3）气液比大于 700m³/m³；

（4）一般井深 $H \leqslant 3500m$；

（5）井底有一定深度的积液；

（6）油管完好畅通、井底清洁，无钻井液等污物。

柱塞排水采气工艺适用于水量较小的产水气井，管理方便、投资小且排液效果较好，因此在小水量产水气井中得到了较为广泛的应用。

在柱塞运行之前，当柱塞坐落在卡定器上时（图 8-15），油管与环空液面高度一致，环空中气体满足状态方程：

$$p_1 V_1 = nRZT_1 \tag{8-6}$$

式中　p_1——初始状态"环空"的平均压力，MPa；

　　　V_1——初始状态"环空"体积，m^3；

　　　T_1——初始状态"环空"的平均温度，K；

　　　n——气体的物质的量，mol；

　　　Z——气体偏差系数；

　　　R——气体通用常数，J/(mol·K)。

此时管柱中气体平均压力为：

$$p_1 = 0.5\left(p_c + p_c e^{S_3} \right) \tag{8-7}$$

$$S_3 = \frac{0.03418\gamma_g h_t}{\overline{T}\,\overline{Z}} \tag{8-8}$$

式中　p_c——初始状态下的套压，MPa；

　　　γ_g——气体相对密度；

　　　h_t——右侧"环空"高度，m；

　　　$\overline{T}$——井筒静气柱平均温度，K；

　　　$\overline{Z}$——井筒静气柱平均偏差系数。

当柱塞举升液体刚好达到井口的临界状态时（图 8-16），管柱中气体膨胀产生的推力应当大于柱塞自身重力 + 柱塞上部静液柱压力，即：

$$F_{气柱} \geqslant G_{柱塞} + F_{液柱} \tag{8-9}$$

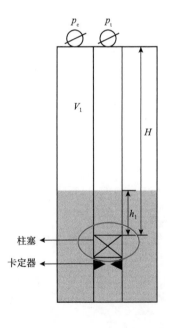

图 8-15　柱塞位于卡定器时状态分析

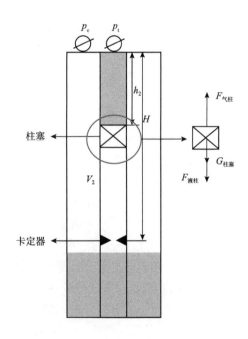

图 8-16　柱塞位于井口时的临界状态

$$F_{液柱} = \left(p_t + \rho_w g h_2 \right) A_{柱塞}$$

式中　$F_{气柱}$——柱塞下方气体膨胀产生的推力，N；

　　　$G_{柱塞}$——柱塞重力，N；

　　　$F_{液柱}$——柱塞上方的推力，N；

　　　p_t——柱塞位于井口时的油压，MPa；

　　　ρ_w——水的密度，kg/m^3；

　　　g——重力加速度，m/s^2；

　　　h_2——液柱高度，kg/m^3；

　　　$A_{柱塞}$——柱塞截面积，m^2。

柱塞下部压力：

$$p_m = F_{气柱} / A_{柱塞} \tag{8-10}$$

式中　p_m——柱塞下部所受压力，N/m^2。

将柱塞下部压力换算到井口和井底压力为：

$$p_{wh} = p_m e^{-S_1} \tag{8-11}$$

$$p_{ws} = p_m e^{S_2} = p_m e^{\frac{28.97 \gamma_g g H}{RTZ}} \tag{8-12}$$

$$S_1 = \frac{0.03418 \gamma_g \left(H - h_2 \right)}{\overline{TZ}} \tag{8-13}$$

$$S_2 = \frac{0.03418 \gamma_g \left(H - h_2 - h_t \right)}{\overline{TZ}} \tag{8-14}$$

式中　p_{wh}——柱塞下部压力换算到井口的压力，MPa；

　　　p_{ws}——柱塞下部压力换算到井底的压力，MPa。

由此可进一步得到管柱中气体平均压力为：

$$p_2 = 0.5 \left(p_{wh} + p_{ws} \right) \tag{8-15}$$

式中　p_2——柱塞位于井口时的平均压力，MPa。

此时气体满足状态方程：

$$p_2 V_2 = n R Z T_2 \tag{8-16}$$

式中　V_2——柱塞位于井口时"环空"体积，m^3；

　　　T_2——柱塞位于井口时"环空"的平均温度，K。

柱塞运行时的能量来自环空中气体膨胀，联立气体状态方程，可以求得柱塞运行所需最低套压 p_{cmin}：

$$p_{cmin} = \frac{T_1 V_2}{T_2 V_1} \frac{\left(G_{柱塞} / A_{柱塞} + p_t + \rho_w g h_2 \right) \left(e^{-S_1} + e^{S_2} \right)}{1 + e^{S_3}}$$ （8-17）

式中　　p_{cmin}——柱塞运行所需最低套压，MPa。

本节考虑了不同油套压差、排水量与产气量下，计算实施柱塞排水采气工艺所需最小井底流压，并将结果绘制成图版。在实际工作中可以通过柱塞排水采气工艺实施最小井底流压确定模型，计算实施柱塞排水采气工艺所需最低井底流压，并将结果绘制成图版（图 8-17 至图 8-22）。

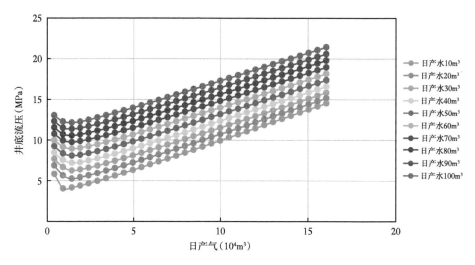

图 8-17　柱塞（43.4mm 管径 +1MPa 油压 +2500m 井深）

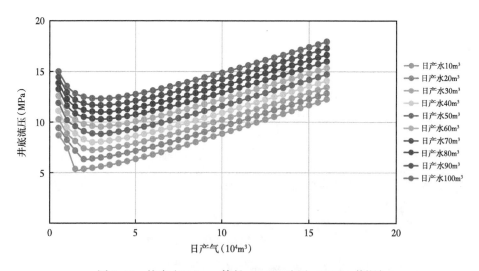

图 8-18　柱塞（50.3mm 管径 +2MPa 油压 +3000m 井深）

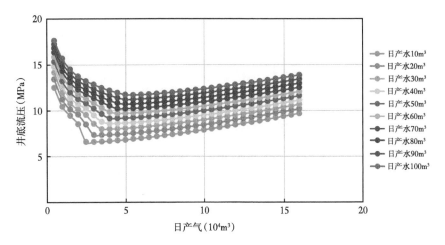

图 8-19　柱塞（62mm 管径 +3MPa 油压 +3500m 井深）

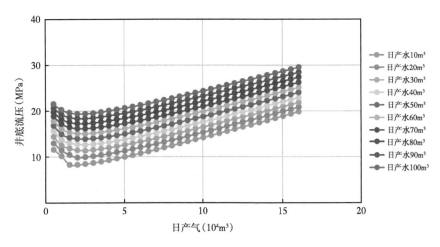

图 8-20　柱塞（43.4mm 管径 +3MPa 油压 +3500m 井深）

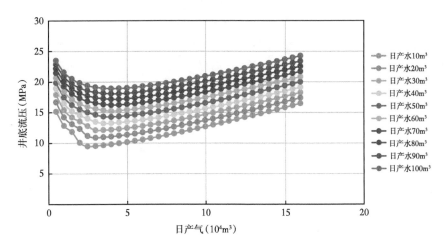

图 8-21　柱塞（50.3mm 管径 +4MPa 油压 +4000m 井深）

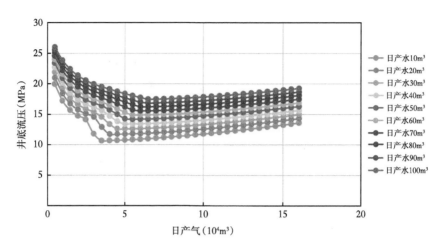

图 8-22　柱塞（62mm 管径 +5MPa 油压 +4500m 井深）

在实际工作中，可以通过图版，根据油管参数、排水量与产气量等参数方便地查出实施柱塞气举时所需要的最小井底流压。

四、泡沫排采工艺

工艺选井原则：泡沫排水采气工艺适用于因地层压力降低、产能降低等原因造成井底积液或间歇生产的气井，即弱喷与间喷产水气井，产液量不宜过大，一般不超过 150m³/d，一般应用条件如下：

（1）井深一般不超过 4500m，井底温度小于 150℃；

（2）气井井底油管鞋处气流速度大于 0.1m/s，产水量小于 150m³/d；

（3）地层水总矿化度一般不大于 50000mg/L，硫化氢含量不大于 23g/m³，含凝析油不大于 45%，二氧化碳含量不大于 86g/m³；

（4）油管柱无穿孔，避免起泡剂"短路"，流不到井底；

（5）油管鞋应下在气层中部，如果油管鞋距气层中部很远，井底积液过高，起泡剂流到油管鞋处即被气流带走，达不到排除积水的效果。

药剂性能要求：泡沫排水所用起泡剂是表面活性剂。因此，除具有表面活性剂的一般性能之外，还要求具有泡沫携液量大，泡沫的稳定性适中，在含凝析油和高矿化度水中有较强的起泡能力等特殊性能。起泡剂类型分为离子型（主要为阴离子型）、非离子型、两性表面活性剂和高分子聚合物表面活性剂等。

药剂加注方式：

（1）起泡剂加注：液体起泡剂可采用平衡罐加注、柱塞计量泵加注、泡沫排水采气工程作业车（简称泡排车）加注三种方式；固体起泡剂用投掷方式加注，对于油套管连通不好或封隔器完井、产水量不大于 20m³/d 的井，采用固体起泡剂时用投掷器加注。一般地，气井产水量不超过 30m³/d、需小剂量连续加注的井采用平衡罐加注方式；气井产水量大于 30m³/d、需大剂量连续加注的井采用柱塞计量泵加注方式。

（2）消泡剂加注：常采用柱塞计量泵加注和平衡罐加注两种方式。

药剂加注周期：对于纯气井，只是有些凝析水，宜采用间歇排水方式，加注周期一般为每隔数天、数月一次即可；而对于产水量 q_w 大于 $1m^3/d$ 的出水井最好是连续注入，加注越均匀越好，尤其是对大水量井效果更加明显。

泡沫排水采气工艺评价指标主要包括：油管内径、产气量、产水量和井底流压。泡沫排水采气工艺须满足井底流压高于工艺所需最小井底流压，即：

$$Y \geqslant Y_{min}\left(Q_w, Q_g,\ d_{in}, d_{out}, D, n\right) \tag{8-18}$$

泡沫排水采气工艺界限研究技术路线如图 8-23 所示。

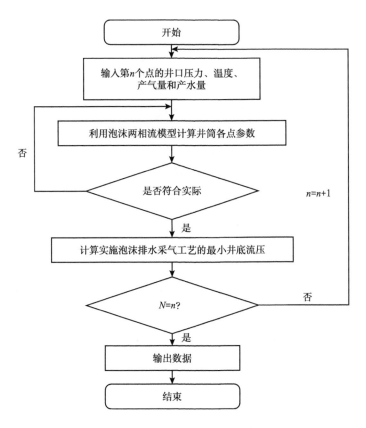

图 8-23　泡沫排水采气工艺界限研究技术路线

实验数据证实：当泡沫质量为 40%~80% 时，稳定泡沫的流变曲线在双对数坐标下基本呈直线，说明流变性更接近于幂律流体；当泡沫质量约为 90% 时，稳定泡沫流变曲线趋于弯曲，其流变性接近宾汉流体。实验表明稳定泡沫在井筒内可视为幂律流体，摩擦系数（f_m）方程：

$$\frac{1}{\sqrt{f_m}} = 1.14 - 2\lg\left|\frac{e}{d} + \frac{21.25}{N_{Re}}\right| \tag{8-19}$$

式中　f_m——摩擦系数；

　　　N_{Re}——泡沫流体雷诺数；

e——粗糙度，m；

d——管径，m。

稳定泡沫等效塑性黏度（μ_{eF}）的计算方法与常规的气液两相流体不同，计算式为：

$$\mu_{eF} = K\left(\frac{2n+1}{3n}\right)^n\left(\frac{12v_F}{D_h}\right)^{n-1} \tag{8-20}$$

式中　μ_{eF}——稳定泡沫等效塑性黏度，Pa·s；

K——泡沫稠度系数，Pa·s^n；

n——流性指数；

v_F——泡沫速度，m/s；

D_h——油管直径，m。

Sanghani 和 Ikoku 通过大量实验，回归出泡沫稠度系数（K）和流性指数（n）与泡沫质量（Γ）的关系：

$$\begin{cases} K = -0.15626 + 56.147\Gamma - 312.77\Gamma^2 + 576.56\Gamma^3 + 63.96\Gamma^4 \\ \quad - 960.46\Gamma^5 - 154.68\Gamma^6 + 1670.2\Gamma^7 - 937.88\Gamma^8 \\ n = 0.095932 + 2.3654\Gamma - 10.467\Gamma^2 + 12.955\Gamma^3 + \\ \quad 14.467\Gamma^4 - 39.673\Gamma^5 + 20.652\Gamma^6 \end{cases} \tag{8-21}$$

$$\Gamma = \frac{Q_{Gsc}/p_{sc}}{\left(Q_{Gsc}/p_{sc}\right) + Q_L} \tag{8-22}$$

式中　Γ——泡沫质量；

Q_{Gsc}——标准状态下气体流量，m^3/s；

Q_L——液相流量 m^3/s；

p_{sc}——标准状态下压力，Pa。

$$\rho_F = (1-\Gamma)\rho_L + \Gamma\rho_L = (1-\Gamma)\rho_L + \frac{\Gamma S_G p}{8.314gT} \tag{8-23}$$

$$v_F = \frac{Q_G + Q_L + Q_R}{A_p} = \frac{\frac{pT}{p_{sc}T_{sc}}Q_{Gsc} + Q_L + Q_R}{A_p} \tag{8-24}$$

式中　ρ_F——泡沫密度，kg/m^3；

ρ_L——液相密度，kg/m^3；

S_G——气体相对密度；

g——重力加速度，m/s^2；

T——泡沫流体温度，K；

p——压力，MPa；

p_{sc}——标准条件下的压力，MPa；

T_{sc}——标准条件下的温度，K；

Q_R——岩屑流量，m³/s；

A_p——管流流道断面面积，m²。

泡沫流动模型如下：

$$\begin{cases} \dfrac{d\rho_F}{dz} = \dfrac{\dfrac{RZ_g\rho_F}{C_pM}\left[2a(T-T_{ei})-g\sin\theta\right]+\dfrac{f_m\rho_Fv_F^2}{2d}+\rho_Fg\sin\theta}{v_F^2-\left|\dfrac{RZ_gv_F^2}{C_pM}+\dfrac{RZ_gT}{M}\right|} \\ \dfrac{dv_F}{dz}=-\dfrac{v_F}{\rho_F}\dfrac{d\rho_F}{dz} \\ \dfrac{dp}{dz}=\dfrac{f_m\rho_Fv_F^2}{2d}+\rho_Fg\sin\theta+v_F^2\dfrac{d\rho_F}{dz} \\ \dfrac{dT}{dz}=\left|\dfrac{v^2}{\rho_F}\dfrac{d\rho_F}{dz}+g\sin\theta-2a(T-T_{ei})\right|\Big/C_p \end{cases}$$

（8-25）

式中　z——井深方向坐标，m；

θ——井斜角，(°)；

Z_g——气体偏差因子；

C_p——泡沫流体比热，J/(kg·K)；

T_{ei}——环空泡沫温度，K。

此方法可以计算出井筒各点泡沫的密度、流速、压力、温度等参数。通过泡沫排水采气工艺实施最小井底流压确定模型，分别考虑不同油套管组合、排水量与产气量，计算实施泡沫排水采气工艺所需最小井底流压，并将结果绘制成图版（图8-24至图8-29）。

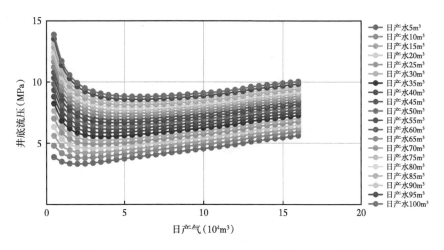

图8-24　泡排（43.4mm管径+1MPa油压+2500m井深）

151

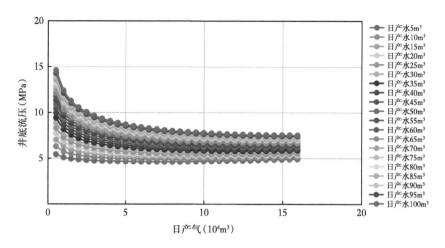

图 8-25　泡排（62mm 管径 +2MPa 油压 +3000m 井深）

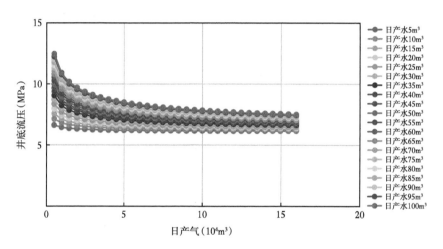

图 8-26　泡排（115mm 管径 +3MPa 油压 +3500m 井深）

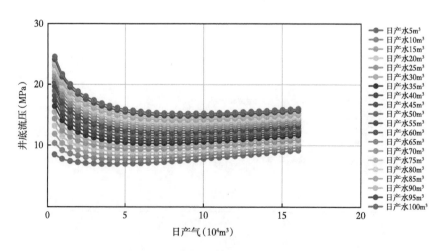

图 8-27　泡排（43.4mm 管径 +3MPa 油压 +3500m 井深）

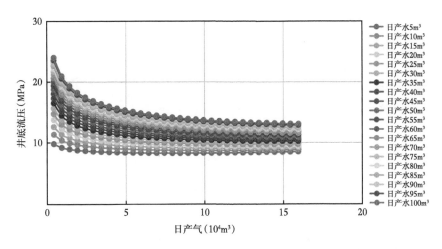

图 8-28　泡排（62mm 管径 +4MPa 油压 +4000m 井深）

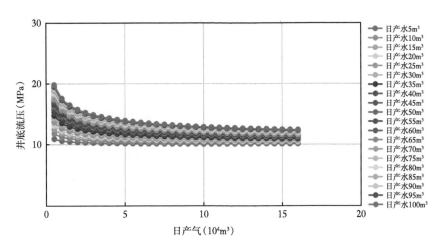

图 8-29　泡排（115mm 管径 +5MPa 油压 +4500m 井深）

在实际应用中，可以通过计算工艺前气井的实际井底流压与相同条件下该井实施泡沫排水采气工艺所需最小井底流压进行对比，即可判断该工艺是否技术可行。

第二节　主要排水工艺技术界限

高树生[206] 等将页岩压后压裂液的返排过程划分为 3 个阶段：（1）返排难度最小的产液阶段，水力压裂裂缝中压裂液的压力（p_f）大于原始地层压力（p_i）时，压裂液会少量携带游离气返排；（2）处于生产初期的气体突破阶段，$p_f < p_i$，裂缝中为气液两相流动，由裂缝内的气体膨胀驱动驱替液体返排，此过程返排难度较小；（3）处于生产中后期的稳定生产阶段，当 $p_f < p_i$ 时，此时裂缝中自由水已经被大量返排，而残留在裂缝表面的水需要气体大于临界携液流速才能带走，如图 8-30 所示。

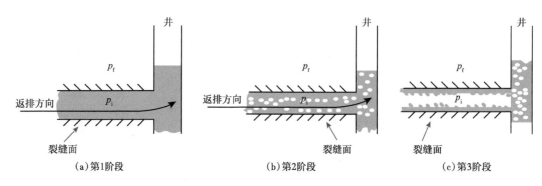

图 8-30　压裂液不同返排阶段示意图

张涛[207]等根据实际页岩气藏的生产数据得出页岩气井整个生产返排过程中的典型曲线，如图 8-31 所示。页岩气井的生产周期需要从压裂时刻（t_0）开始，压后关井一段时间（$t_1 \sim t_2$）再开井生产，开井生产后的前一段时间（$t_2 \sim t_3$）内纯产液。随压裂液的返排，气体开始突破，产气量逐渐增加，产液量逐渐减少。如果此时在 t_i 时刻关井，那么重新开井（t_{i+1}）有一个产气量的上升（Δq_g）与产水量的下降（Δq_w）。

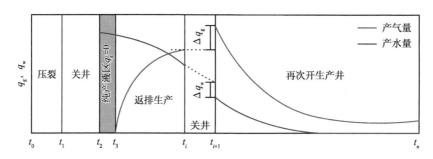

图 8-31　页岩气井生产返排典型曲线

在对页岩气井进行排采工艺筛选研究时，需要根据气井自身所处的生产阶段确定。气井在不同压力、产量条件下，对排采工艺的适应性不同，这在上一节中的最小井底流压研究中已经提到，本节将对排采工艺中的参数进行优化，并确定页岩气井针对不同排采工艺的适应界限。

一、优选管柱排采工艺适应界限研究

1. 实验装置与实验参数

通过在人工举升实验平台上完成复杂多相管流实验，该平台分别由 15m 和 25m 实验塔组成，实验角度可实现 0°~90° 任意变换，实验装置流程如图 8-32 所示。该装置由进气系统、进液系统和测控系统三部分组成，主要配套装置包括空气压缩机、储气罐、气体质量流量计、高压隔膜泵、快关球阀、蝶阀、压力传感器、摄像装置。根据实验的实际需求，拟建立定制化的可视化实验模拟装置。整个实验管材采用透明的有机玻璃管，方便观察和记录流型，并对实验管段进行了刻度标记，以方便快捷地测量持液率。

图 8-32　人工举升平台装置

　　实验装置的三大系统（图 8-33）中，进气系统由压缩机压缩空气至储气罐中，通过流量调节阀控制入口气量；进液系统水泵从水罐中抽取液体通过流量调节阀泵入管道中；测控系统安装在管道两端的压力计测试流动压差，高速摄像仪可记录流动过程中的流动形态，同时关闭两个快关阀门记录管道中剩余液体体积进而计算持液率，压力和气、水流量数据均由无纸记录仪采集并传输至计算机进行处理。

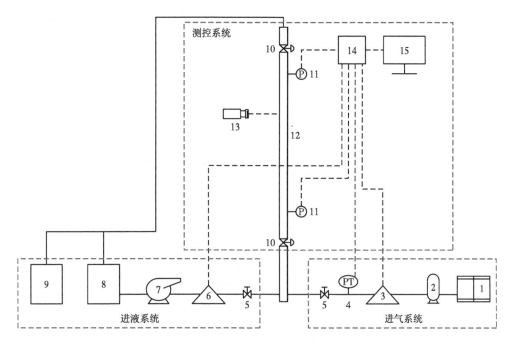

图 8-33　实验流程图

1—空气压缩机；2—储气罐；3—气体流量计；4—温度压力传感器；5—阀门；6—液体流量计；7—水泵；8—水罐；
9—泡沫罐；10—快关阀门；11—压力传感器；12—可视化管道；13—高速摄像仪；14—无纸记录仪；15—计算机

本实验主要测试或计算 3 个方面的数据，即流型、压力降和持液率。不同的测试数据对实验装置也提出了特定的要求：

（1）流型：由于该井筒流动模拟实验涉及流型对比，需要实验材质达到可视化效果，以直接得到不同条件下的实验现象。

（2）压力降：需要选取实验管道中间流型发育较好的一段位置，并在其两端安装压力计，通过压力测试获得该管段内的压力降。

（3）持液率：需要在某一瞬间获得实验管道内的液体体积，进而计算该实验条件下的持液率。

本次实验用空气压缩机（图 8-34）为英诺伟特能源机械有限公司 MCA-132B 型螺杆空气压缩机，排气压力 4MPa，供气 10m³/min，配套 4m³ 储气罐，确保供气平稳。

图 8-34　空气压缩机

液相供给则根据流量大小选择不同的液体泵。对于大流量实验而言，采用大流量的高压水泵（图 8-35），最大流量可达 25m³/h；对于小流量实验而言，采用小流量的高压隔膜泵，其流量最大可达 0.3m³/h，可采用多个泵同时供给以实现不同排量的组合。

图 8-35　大流量水泵

实验室现有不同直径（30mm、40mm、50mm、60mm）和不同壁厚（5mm、10mm）有机玻璃管，满足实验管径要求。10mm 壁厚可满足耐压 1MPa 压力要求，如图 8-36 所示。

图 8-36　不同管径及壁厚有机玻璃管

实验测试的压力、压差、液量、气量等参数均由采集器连接电脑自动采集。本实验使用的采集器为单色 / 真彩无纸记录仪，支持多种模拟量信号，无须更换模块，通过软件设置即可，采用大容量的 FLASH 闪存芯片存储历史数据，掉电不丢失数据，剪切板的复制和粘贴功能方便用户设置参数；模拟量信号为 4~20mA，最大负载能力 750Ω，实时显示精度为 ±0.2%F.S，曲线显示精度为 ±0.5%F.S，记录数据的间隔可以为 1~240s。

根据物理现象相似的定义，两个流场相似等价于两个流场对应点在对应时刻所有表征流动状态的相应物理量各自保持固定比例。一般要求几何相似、运动相似、动力相似、热力学相似，以及质量相似，两个流动才相似。

相似准则，即如果两个现象相似，则这两者的无量纲形式的方程组和单值条件应该相同，具有相同的无量纲形式解。出现在这两者的无量纲形式的方程组及单值条件中的所有无量纲组合数对应相等。这些无量纲组合数称为相似准数。如在实验流体力学中的雷诺数 Re、马赫数 Ma 等。

为了保证实验结果与现场实际相符合，采用几何相似原理以确定实验管径为 1：1 的 50mm 和 62mm 管径。

实验管道平均系统压力约为 0.12MPa，温度 293.15K，由实际流速与实验流速对应关系，计算实验变量范围，见表 8-1。

表 8-1　实验参数范围

实验变量	流速变化范围（标况）（m³/h）	日产量（m³）	表观速度（m/s）
气相	7 ~ 200	168 ~ 4600	0.64~16.77
液相	0.042 ~ 0.208	1~5	0.0038 ~ 0.0190

2. 气井携液流动规律模拟实验

实验目的：测试积液条件下，不同产气量时井筒持液率和压降变化。

测试变量：气流速 0.1m/s、0.2m/s、0.5m/s、1.0m/s、2.0m/s、3.0m/s，管径 62mm、50mm。

实验组数：30 组。

实验思路：保持井筒内液量不变，从而模拟不同气量下的管柱排水采气情况；观察管柱内流型变化和携液情况，测量流入流出液量和气量，分析井筒内积液量变化，实验流程图如图 8-37 所示。

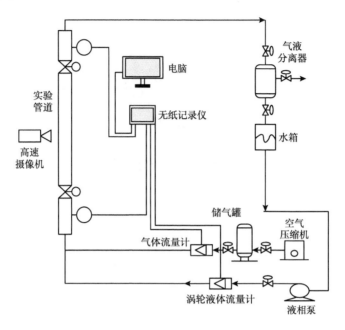

图 8-37　积液井实验流程图

为了与稳定液流速的常规两相流动对比，本章同时开展了稳定液流速的两相流动实验和"零液流量"实验。实验气流速范围为 0.05~21m/s，其目的是为了覆盖不同流型范围；而为了研究液流速对流动规律的影响，实验液流速分布设定为 0.01m/s、0.03m/s 和 0.1m/s。对于"零液流量"实验而言，由于实验中液流速为零，因此其流动与液相相关的因素只能是井筒中存在的液体总量，即静液柱高度。为此，本书设计了两组不同静液柱高度（50cm 和 100cm）来开展实验。由于实验装置高度限制及满足清晰的可视化要求，通过前期实验测试后，将数据采集的最大气流速范围限定为 4m/s。而考虑管径影响，实验中选择了 50mm 和 61mm 管径分别开展了实验。

在"零液流量"实验开展过程中，首先由液相泵供液，使其达到一定高度后关闭液相泵，随后调节气量，开展不同气流速下的流动实验。整个实验流程如图 8-37 所示。

对于稳定液流速的气液流动而言，实验中可观察到常见的四种流型：泡状流、段塞流、搅动流和环状流，如图 8-38 所示。当气流速非常小时（$v_{SG}=0.06$m/s），液相为连续相，气相以小气泡的形式分布在液相当中，流动稳定，此时为泡状流；当气流速增加到一定值后（$v_{SG}=0.2$m/s），虽然液相仍然为连续相，但管道中气相分数增大使得气相聚集形成大气泡（泰勒气泡）向上运动，使得气液以一段气、一段液的形式向上流动，此时压差规律波动，为段塞流；进一步增加气流速（$v_{SG}=3$m/s）会使气液流动变得不规律，液体不断回落振荡，气相成为连续相，此时为搅动流；当气流速足够大时（$v_{SG}=21$m/s），可以提供足够大的拖曳力将液相以液膜的形式向上携带，此时为环状流。

实验观察结果（图 8-38）表明，尽管有研究表明液流速对流动有一定的影响，但气流速是主导流型变化的最关键因素。

图 8-38　管流实验测量示意图

对于"零液流量"而言，实验中观察到了泡状流、段塞流和搅动流。从气液两相流动形态上，"零液流量"时与气液稳定流动时的流型特征几乎是一致的。只是在"动液面"的位置处，由于振荡，会使得液体一段一段以波动形式向上冲击并输送液体，但是由于气芯缺乏足够的拖曳力，无法将液体向上携带，因此液体会沿着管壁向下回流，导致无法将液相携带出井口，"零液流量"时，液膜回落过程中夹带大量气泡，而且随着气流速增加气柱和"动液面"以下气液的界面振荡范围更宽，这样就造成"动液面"界面的波动情况。

尽管由于实验条件限制及流动过程中"动液面"处液滴夹带等因素影响，本书所开展"零液流量"实验的最大气流速限定为 4m/s，但在环状流时液膜在气芯的拖曳下具有向上流动的能力，因此可以推断"零液流量"时井筒不可能出现环状流。图 8-39 为管径为 61mm 和气流速为 1m/s 时，不同液量下的视频快照，截图全部来自液塞刚刚流过后液膜反转的瞬间，以保证对比的一致性。从图 8-39 中可以看出，不同液流速条件下，液体均会迅速回落，井筒有一定的振荡，这种振荡随着液量的增加而增加；与此同时，随着液流速的增加，井筒的液量明显越多，即井筒持液率越大。与稳定液流速的两相流动相比，"零液流量"在流动规律上与其具有相似性，随着液流速增加或者减小，流动具有连续性。

图 8-39　不同液量下井筒流型变化

3. 影响参数分析

图 8-40 为"零液流量"时持液率随着表观气流速变化的关系曲线。从图 8-40 中可以看出，随着气流速的增加，井筒持液率降低，而这种降低幅度在气流速低于 1m/s 时更大。这是因为在低气流速时液相为连续相，气相为非连续相，井筒持液率高，气液流速的滑脱主要由气相的浮力造成，气流速小，气液间滑脱速度也小；而随着气流速的增加会迅速增加滑脱，从而降低持液率，气流速增大到一定流速后，气液滑脱速度增幅降低，持液率增加幅度也随之降低。而从不同油管尺寸下持液率变化规律上来看，管径对持液率有一定的影响：管径越大，相同气流速条件下持液率越大，尤其是在低气流速时（$v_{sl} < 1m/s$ 时）管径对持液率影响相对较大，其可能原因是管径越大，在液相为连续相时气相有更易向上流动的趋势，滑脱更大，持液率更高。但整体上来看，尤其是在气流速较高时，管径对持液率的影响有限。

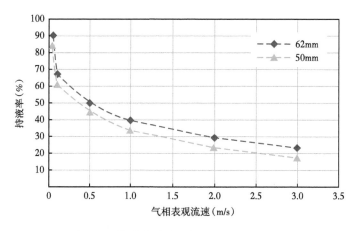

图 8-40　持液率随表观气流速变化关系曲线

由上述实验分析可以看出，持液率—气流速曲线在直角坐标系中是一条光滑的曲线，在半对数坐标系中则近似呈现为直线。为此，本书对其变化规律曲线进行了研究，以为后期建模提供实验支撑。如图 8-41 所示，对"零液流量"的实验数据分别采用对数式、指

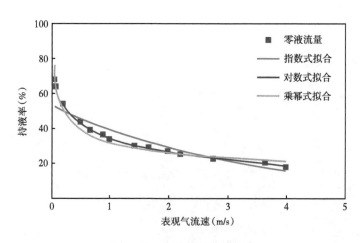

图 8-41　实验数据曲线拟合

数式和幂律式曲线进行了拟合。结果表明：指数式曲线无法捕捉低气流速时持液率随着气流速变化而迅速变化的过程，而幂律式和对数式曲线能够较好地拟合这样的对应关系；而从精度上来看，在低压实验条件下，对数式曲线拟合效果最好；随着压力增加，达到相同持液率所需的气流速会降低，持液率—气流速曲线会被"压缩"。因此，随着压力增加，幂律式曲线可能具有更好的拟合效果。而从稳定气液流速的两相流动拟合来看，如图 8-41 所示，结论与"零液流量"一致，这也再次表明了两者之间的连续性。

4. 携液临界气流速新模型

由上述实验研究可知，不同气液流速下，实验条件下都能够实现气液两相的向上流动，这是因为实验中压力足够，即使纯液柱也能实现液体的向上连续携带。但当压力不足时，气井发生积液，井筒中可能出现的现象之一就是井筒中有"动液面"，也就是液体在井筒中聚集，即液膜反转现象。通过计算发生液膜反转时的气体流速，可以用来计算气井临界携液流量。

在垂直管道的气液两相流动中，逆流点用于说明从同向流到双向（向上和向下）流动的过渡。发生这种情况时，部分液体开始向下流动，并且波动开始变大。就表观气体速度而言，逆流通常被视为环形流与搅动流之间的过渡。1969 年，Wallis 提出了一种简单的经验模型，其表示式为：

$$\left(v_{sg}^{*}\right)^{\frac{1}{2}}+m\left(v_{sl}^{*}\right)^{\frac{1}{2}}=C \tag{8-26}$$

$$v_{sg}^{*}=v_{sg}\left[\frac{\rho_{g}}{gD\left(\rho_{l}-\rho_{g}\right)}\right]^{\frac{1}{2}} \tag{8-27}$$

$$v_{sl}^{*}=v_{sl}\left[\frac{\rho_{l}}{gD\left(\rho_{l}-\rho_{g}\right)}\right]^{\frac{1}{2}} \tag{8-28}$$

其中 m 和 C 为经验常数，通过实验数据很容易获取。然而，根据 Wallis 的研究，系数 C 是与液相入口及流体性质相关的系数，其取值范围在 0.7~1.0 之间。对于同向两相流而言，不需要考虑入口效应，井筒中流体性质也相对稳定，因此，系数 m 和 C 能够拟合得到。

对于倾角的影响，实验中得到不同倾角下液膜反转气流速变化曲线。从变化曲线可以看出随着角度降低，持液率在不同气流速下均呈现先增加后降低的趋势。其结果表明：相同气流速下，垂直管中持液率与倾斜管具有良好的对应规律。Belfroid 基于少量数据点进行了垂直管与倾斜管液膜反转气流速对应关系的拟合，采用式（8-29）来拟合：

$$v_{sg}\left(\theta\right)=v_{sg}\left(90\right)\sin^{A}\left(B\theta\right)/C \tag{8-29}$$

那么，模型结构式变为：

$$v_{sg}=\left\{c_{1}\left[\frac{gd\left(\rho_{l}-\rho_{g}\right)}{\rho_{g}}\right]^{\frac{1}{4}}+c_{2}\left(\frac{\rho_{l}v_{sl}^{2}}{\rho_{g}}\right)^{\frac{1}{4}}\right\}^{2}\sin^{c_{3}}\left(c_{4}\theta\right) \tag{8-30}$$

基于实验数据对式（8-30）进行拟合，拟合结果如下：

$$v_{sg} = \left\{ 0.99 \left[\frac{gd(\rho_1 - \rho_g)}{\rho_g} \right]^{\frac{1}{4}} + 0.22 \left(\frac{\rho_1 v_{sl}^2}{\rho_g} \right)^{\frac{1}{4}} \right\}^2 \sin^{0.47}(1.7\theta) \qquad (8-31)$$

同时，考虑临界携液气流速为液膜反转气流速的 0.5 倍，临界携液气流速模型为：

$$v_{sg} = 0.5 \left\{ 0.99 \left[\frac{gd(\rho_1 - \rho_g)}{\rho_g} \right]^{\frac{1}{4}} + 0.22 \left(\frac{\rho_1 v_{sl}^2}{\rho_g} \right)^{\frac{1}{4}} \right\}^2 \sin^{0.47}(1.7\theta) \qquad (8-32)$$

对比结果如图 8-42 所示，可以看出，不同测试结果条件下该模型均具有较好的拟合结果，其模型误差仅为 1%。

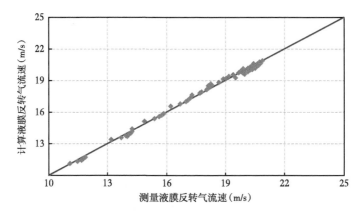

图 8-42　模型预测与实测液膜反转气流速对比

对比其他模型，新模型在低压时计算临界携液流量较大，如图 8-43 所示，气井具有低压生产易积液的生产特征。

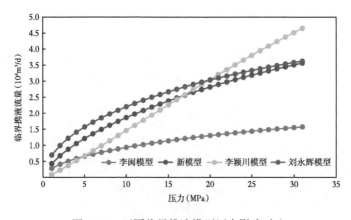

图 8-43　不同临界携液模型压力影响对比

新模型是基于液膜模型推导的临界携液模型，计算临界携液流量随产水量的增加而增大，如图 8-44 所示，符合气井产水量越大越容易积液的特征。

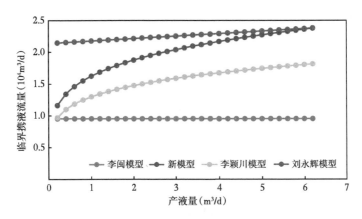

图 8-44　不同临界携液模型产液量影响对比

5. 水平井流型分析

水平井从垂直段到水平段，井筒倾角从 0° 到 90° 一直变化，要利用流型图预测水平井井筒内流型沿井深的变化规律，需要得到不同倾角下的气液两相流型图，从而预测全井筒流型变化。对井筒垂直段、倾斜段和水平段各流型图版研究发现，对于不同的流型图版，由于研究者主观认识的不同，对流型的划分和命名均有一定区别，且流型图版的横纵坐标也存在差异，为了制定统一的全井筒流型图，需要对坐标和流型进行统一划分。

压力、两相界面张力、两相黏度和密度、流动状态及流动通道尺寸是描述气液两相流动特征的常用参数，Duns & Ros 为了综合体现各种因素对气液两相管流的影响，通过无量纲化，提出了影响气液两相流动的无量纲准数，如与运动相关的无量纲参数：无量纲气相及液相速度准数，其表达式为：

$$N_{vg}=v_{sg}\sqrt[4]{\rho_l/g\sigma} \qquad (8-33)$$

$$N_{vl}=v_{sl}\sqrt[4]{\rho_l/g\sigma} \qquad (8-34)$$

式中　v_{sg}，v_{sl}——气相、液相表观流速，m/s；

ρ_l——液相密度，kg/m³；

g——重力加速度，m/s²；

σ——两相界面张力，N/m。

对于气液两相实际流速的计算，由于各相在过流断面中的占比不易测量，使得各相的实际速度也很难计算出。因此引入了气液两相的表观速度，即假定管线中的整个过流断面只存在气液两相中的一类，再分别计算此时的流体流动速度。

为了方便流型图的统一，选择横纵坐标为气液表观流速和气液速度准数的流型图，对水平段流型图版，选取 Mandhane 流型图；对倾斜段流型图版，选取 Gould 流型图；对垂直段流型图版，选取 Duns & Ros 流型图，如图 8-45 所示。

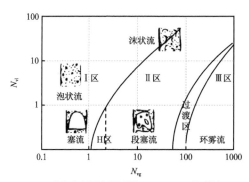

（a）垂直段流型图版—Duns＆Ros流型图

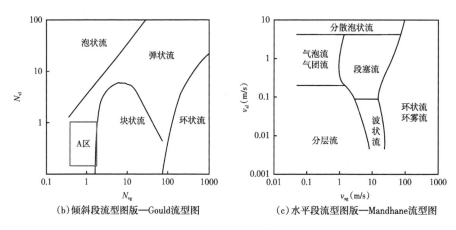

（b）倾斜段流型图版—Gould流型图　　　　（c）水平段流型图版—Mandhane流型图

图 8-45　水平段、倾斜段、垂直段流型图

Aziz 和 Govior 等通过实验，测试得出了垂直管气液两相流型图（图 8-46），流型图垂直管流型分为泡状流、段塞流、过渡流，以及环雾流四个流型区域。

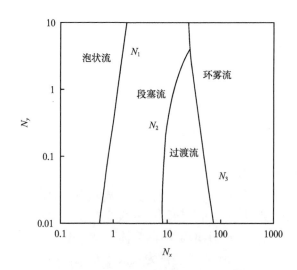

图 8-46　Aziz 图版气水两相流态划分图

Aziz 流型图的横坐标变量为 N_x，纵坐标变量为 N_y，其表达式为：

$$N_x = 3.28 v_{sg} \left(\frac{\rho_g}{\rho_{air}} \right)^{\frac{1}{3}} \left(\frac{\rho_l \sigma_w}{\rho_{air} \sigma_l} \right)^{\frac{1}{4}} \tag{8-35}$$

$$N_y = 3.28 v_{sl} \left(\frac{\rho_l \sigma_w}{\rho_w \sigma_l} \right)^{\frac{1}{4}} \tag{8-36}$$

流型图中各流型转换曲线计算式分别为：

$$N_1 = 0.51 \left(100 N_y \right)^{0.172} \tag{8-37}$$

$$N_2 = 8.61 + 3.8 N_y \tag{8-38}$$

$$N_3 = 70 \left(100 N_y \right)^{-0.152} \tag{8-39}$$

过渡流向环雾流转换条件：当 $N_y < 4$ 时，$N_x > N_3$；当 $N_y \geqslant 4$ 时，$N_x > 26.5$。

Kaya 等建立了倾斜管与垂直管气液两相流型判别机理模型（图 8-47），将流型分为泡状流、分散泡状流、段塞流、过渡流和环状流。

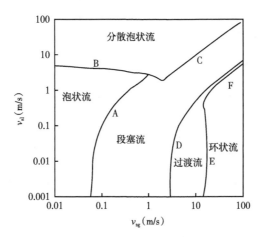

图 8-47 Kaya 图版气水两相流态划分图

流型图中过渡流至环状流（曲线 E）的计算式为：

$$Y_M \leqslant \frac{2 - 1.5 H_{LF}}{H_{LF}^3 \left(1 - 1.5 H_{LF} \right)} X_M^2 \tag{8-40}$$

$$X_M = \sqrt{\left(1 - F_E \right)^2 \frac{f_F}{f_{sl}} \frac{\left(dp / dl \right)_{sl}}{\left(dp / dl \right)_{sc}}} \tag{8-41}$$

$$Y_{\mathrm{M}} = \frac{g \sin\theta (\rho_1 - \rho_c)}{(\mathrm{d}p / \mathrm{d}l)_{\mathrm{sc}}} \tag{8-42}$$

式中　H_{LF}——持液率；

X_{M}，Y_{M}——修正的 Lockhart-Martinelli 参数；

F_{E}——气芯中夹带液滴体积占液体总量的份额；

f_{F}——液膜与管壁间摩擦阻力系数；

f_{sl}——液相折算摩擦阻力系数。

将各流型图版统一横纵坐标，都化为气相、液相表观流速后，可以制作出 0°~90° 的动态流型图版，从而可以得到各倾角对应的流型图版。将不同井深产气产水带入对应的流型图版中，可以得到不同井深处的流型判别结果，如图 8-48 至图 8-53 所示。

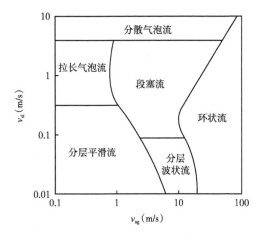

图 8-48　各倾角流型图版（倾角为 0°）

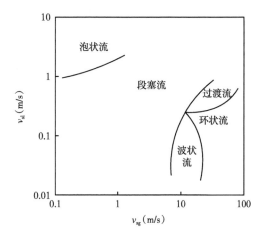

图 8-49　各倾角流型图版（倾角为 5°）

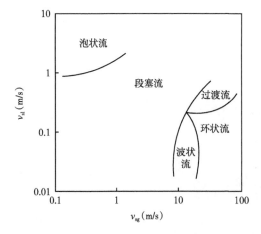

图 8-50　各倾角流型图版（倾角为 10°）

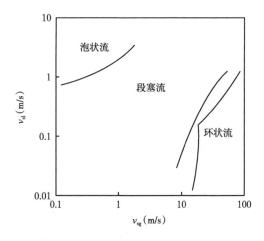

图 8-51　各倾角流型图版（倾角为 30°）

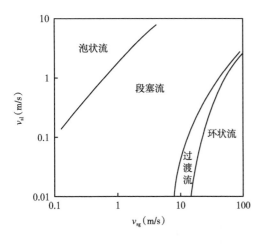

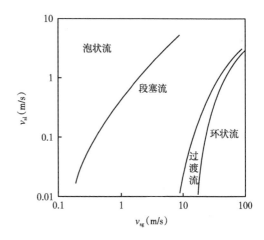

图 8-52　各倾角流型图版（倾角为 60°）　　　　图 8-53　各倾角流型图版（倾角为 90°）

从各倾角流型图版可以看出，分层流对于倾斜角的改变十分敏感，当管道出现 1° 的倾斜时，分层流范围即迅速减小；当管道倾斜角达到 30° 后，井筒中流型的变化开始接近垂直管道的流型。

6. 工艺适应界限分析

优选管柱排水采气工艺的原理是通过更换现有井下油管，下入优选的油管，使得井筒内流动截面积改变，气体流速增加，确保气井产气量满足井筒临界携液要求，延长气井稳定生产。

（1）工艺对井筒压降的影响。

根据上文建立的考虑积液影响的井筒压降模型：

非积液段：

$$\frac{\mathrm{d}p}{\mathrm{d}z} = \rho_{\mathrm{m}}g + f_{\mathrm{m}}\frac{G_{\mathrm{m}}^2}{2DA^2\rho_{\mathrm{m}}} \tag{8-43}$$

积液段：

$$\frac{\mathrm{d}p}{\mathrm{d}z} = \rho_{\mathrm{m}}g\sin\theta + f_{\mathrm{m}}\frac{\rho v_{\mathrm{m}}^2}{2D} + f_{\mathrm{m}}v_{\mathrm{m}}\frac{\mathrm{d}v_{\mathrm{m}}}{\mathrm{d}z} \tag{8-44}$$

优选管柱排采工艺主要的工艺界限体现在两方面：①井底流压：随着产气量、产水量的增加，井筒压降增大，在一定井底流压下，井口压力越小，产量越低，当井口压力小于最小输压时，气井就无法正常生产，见式（8-45）；②临界携液流量：动态积液时，井口产液是否大于井底产液，见式（8-46）。

$$p_{\mathrm{wf}} > p_{\mathrm{tmin}} + \Delta p_{\mathrm{d}} \tag{8-45}$$

$$q_{\mathrm{wout}} = A\sqrt{\left(\frac{t_{\mathrm{mp}}}{0.22}\right)^4\frac{\rho_{\mathrm{g}}}{\rho_{\mathrm{l}}}} > q_{\mathrm{win}} \tag{8-46}$$

$$t_{mp} = \frac{v_{sg}}{0.5\sin^{0.47}(1.7\theta)} - 0.99\left[\frac{gd(\rho_1 - \rho_g)}{\rho_g}\right]^{\frac{1}{4}}$$

$$v_{sg} = \frac{10000}{86400}\frac{Q_{gsc}B_g}{A}$$

式中　　Δp_d——采用工艺时的井筒压降，MPa；

　　　　p_{tmin}——井口最小输压，MPa；

　　　　p_{wf}——井底流压，MPa；

　　　　q_{wout}——流出井口液量，m^3/d；

　　　　q_{win}——流入井口液量，m^3/d。

以 2MPa 为井口输压，计算不同产水量、产气量，实施优选管柱工艺所需的最小井底流压，结果如图 8-54 所示。

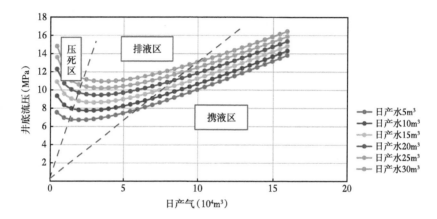

图 8-54　50.3mm+2MPa+4000m 井深优选管柱工艺界限

以 3MPa 为井口输压，计算不同产水量、产气量，实施优选管柱工艺所需的最小井底流压，结果如图 8-55 所示。

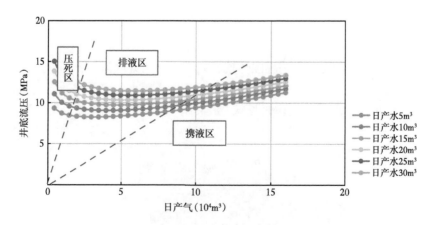

图 8-55　62mm+3MPa+4500m 井深优选管柱工艺界限

二、泡沫排采工艺适应界限研究

1.实验设计

实验目的：测试产气量、产液量条件下的泡排带液能力，摸清泡排工艺适应性界限。

测试变量：液流量 $0.01m/s$、$0.03m/s$、$0.05m/s$、$0.10m/s$，气流量 $0.05\sim27.00m/s$。

实验组数：14 组

实验思路：保持气泡剂用量不变，每组分别调整进气量和进液量，从而模拟不同气量和液量下的泡沫排水采气情况；观察管柱内流型变化，测量流入流出液量和气量，分析井筒内积液量变化。

实验研究的目的是探究起泡剂对水平井气—水两相流动的影响规律，得到可指导气田现场应用的可靠结论。为此，本实验需要设置对照组，开展不同气相、液相流速和管道倾角的气—水两相流动对比实验，并在此基础之上，加入特定浓度的起泡剂溶液进行实验测试。

本实验主要测试或计算 3 个方面的数据，即流型、压力降和持液率。不同的测试数据对实验装置也提出了特定的要求：

（1）流型：由于该井筒流动模拟实验涉及流型对比，需要实验材质达到可视化效果，以直接得到不同条件下的实验现象。

（2）压力降：需要选取实验管道中间流型发育较好的一段位置，并在其两端安装压力计，通过压力测试获得该管段内的压力降。

（3）持液率：需要在某一瞬间获得实验管道内的液体体积，计算持液率。

因此，本书搭建一套可视化的实验模拟装置，其流程图如图 8-33 所示。该装置由进气系统、进液系统和测控系统三部分组成，主要配套装置包括空气压缩机、储气罐、气体质量流量计、高压隔膜泵、快关球阀、蝶阀、压力传感器、摄像装置。整个实验管材采用透明的有机玻璃管，方便观察和记录流型，并对实验管段进行了刻度标记，以方便快捷地测量持液率。

2.实验结果分析

在气—水两相不同流型条件下，加入起泡剂观察流型变化，实验快照如图 8-56 所示。以液相表观流速 v_{sl}=0.01m/s 为例，选取气相表观流速 v_{sg}=0.05m/s、v_{sg}=0.5m/s、v_{sg}=3m/s 和 v_{sg}=21m/s 实验条件下的气—水两相流动和气—水—泡沫流动快照进行对比，其分别对应气—水两相流型中的泡状流、段塞流、搅动流和环状流。从图 8-56 中可以看出，加入起泡剂后，实验管道产生的泡沫能有效带出液体并降低持液率，与此同时管段波动幅度明显降低，使流动更规律：当气相表观流速 v_{sg}=0.05m/s 时，泡沫流动仍为泡状流，水相中分散的气泡更密集且尺寸更小更均匀；当 v_{sg}=0.5m/s 时，在管壁附着一层气泡尺寸不一的泡沫膜，其厚度均匀且随气流蠕动；当 v_{sg}=3m/s 时，管道中的流动振荡明显减弱，紧贴管道内壁的泡沫膜变薄且出现尺寸更大的气泡；当 v_{sg}=21m/s 时，分散在液膜中的气泡变得小而密，且泡沫膜上波纹更密集。

对比发现，水平井垂直段井筒泡沫流与气—水两相流在气泡尺寸分布和紧贴管道内壁的流动形态等细节上差异较大，但宏观来看，泡沫流中也存在类似于气—水流动的现象，如气泡流、泡沫段塞、泡沫搅动和环状流等。为此，依据泡排模拟实验现象，将泡沫流动的流型划分为 4 种：均匀气泡流、泡沫段塞流、泡沫搅动流和泡沫环状流，并给出了对应的流型示意图，如图 8-57 所示。

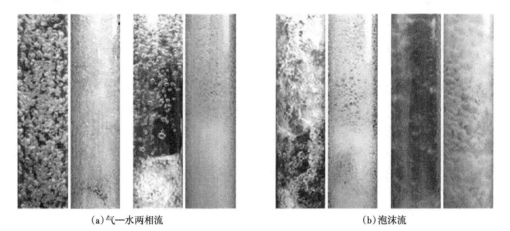

(a)气—水两相流　　　　　　　　　　　　　(b)泡沫流

图 8-56　不同气流速条件下，气—水两相流与泡沫流流型对比

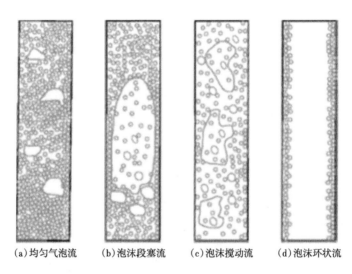

(a)均匀气泡流　　(b)泡沫段塞流　　(c)泡沫搅动流　　(d)泡沫环状流

图 8-57　泡沫流动流型划分示意图

截取不同气流速条件下的泡沫流动局部快照，如图 8-58 所示，分析气流速对流动形态的影响规律。在极低的气量条件下，管道内滞留的液体较多，气相体积相对很少，且受起泡剂的影响气—水界面张力降低，使得管道内出现连续的夹杂细小气泡的液相流动，如图 8-57（a）所示；随着气流速的增加，管道内气相体积不断增加，开始出现较大的弹状气泡，并通过气泡聚并形成气体段塞，液相中的细小气泡逐渐变大且变得不均匀，如图 8-57（b）、图 8-57（c）所示，在液体段塞部分仍然存在成片的细小气泡，这是泡沫段塞流中管道持液率较高的主要原因；继续增大气流速，由于管道内气体比例进一步增加，气液段塞相互碰撞破碎进而产生搅动，导致气水接触面继续增大，液相中气泡数量减小且尺寸增大，气泡不均匀程度进一步增加，如图 8-57（d）、图 8-57（e）所示；当气流速增大

到 v_{sg}=9m/s 时，管道内的泡沫流动已经变为明显的泡沫环状流，附着在管壁上的泡沫膜较薄，且气泡尺寸较大，甚至出现小块无气泡的液膜，如图 8-57（f）所示；进一步增大气流速，泡沫环状流特征更加明显，由于较高的气流速使得紧贴在管道内壁上的泡沫膜呈现波纹状，泡沫膜上的气泡受气流挤压的影响也变得更加致密，仅在液体较多的波纹处存留一些尺寸较大的气泡，如图 8-57（g）、图 8-57（h）所示，在这些流动状态下，管道内的摩擦阻力增大，不利于泡沫稳定携液。

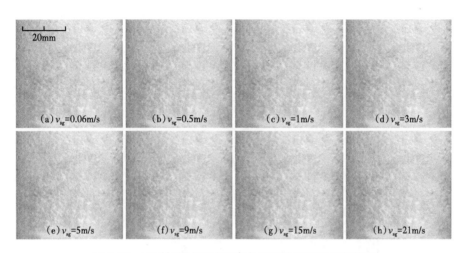

图 8-58　不同气相表观流速条件下的泡沫流动局部快照

对比了泡沫流动与对应条件下的气—水两相流动压降和持液率的差异，用气—水两相测试数据与泡沫流动测试数据做差值处理，得到压降降低值和持液率降低值，其随气流速的变化规律如图 8-59 和图 8-60 所示。相同液流速条件下，随着气流速的增加，压降降低值和持液率降低值均先增大后减小。随着液流速增加，压降降低值和持液率降低值均明显下降，特别是在气—水两相段塞流区域，起泡效果明显变差。以表观液相流速 0.01m/s 和 0.1m/s 为例，当 v_{sl}=0.01m/s 时，压降降低值最大为 3.06kPa/m，而当 v_{sl}=0.1m/s 时压降降低值最大为 1.47kPa/m，液流速增加使得最大压降降低值减少了 52%，其原因主要是相同条件下持液率降低值最大由 24.24% 降至 12.68%，最大持液率降低值减少了 48%。

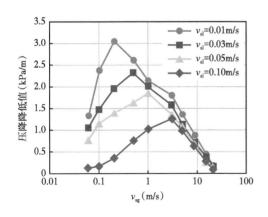
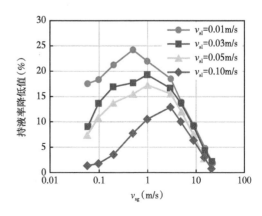

图 8-59　加入泡排后压降变化　　　　　图 8-60　加入泡排后持液率变化

171

在较低的气流速条件下，液流速变化对压降和持液率影响较大，其原因是该条件下液流速变化改变了泡沫流型，且这种改变与管道内的气液比密切相关；另一方面，在较高气流速条件下，液流速变化对压降和持液率影响较小，其原因是井筒流动呈泡沫段塞流或泡沫环状流，液流速变化对流型影响不大，泡沫环状流时，液流速增加使得泡沫膜变厚。

3. 工艺适应界限分析

综合实验数据分析结果发现，通过实验方法可以找到泡排适用气流速界限与气—水两相流型转换界限之间的潜在关系，为此，本节将通过对比气—水两相和气—水—泡沫流动实验数据，划分具体的泡排效果区间（图 8-61），并给出不同区间界限相应的数学模型。

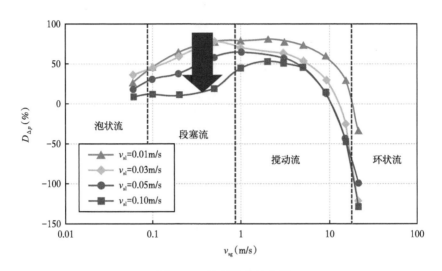

图 8-61　泡排举液效率图

当液相表观流速 v_{sl}=0.01m/s 时，气—水两相与气—水—泡沫流动的实验测试压降和持液率随气流速的变化曲线如图 8-32 所示，与前述分析不同，将横坐标 v_{sg} 取对数，可更直观地看到低气流速条件下起泡剂的作用效果。

随着气流速的增加，起泡剂对气—水两相流动的压降和持液率的降低程度先增加后减小，气流速较高时，起泡剂不能有效降低气—水两相持液率，反而增加了井筒压降。基于起泡剂对气—水两相流动的压降和持液率的影响范围和规律，将实验气流速范围划分为四个区间，并分析指出了不同区间的气流速界限。

（1）泡排反作用区：当气相表观流速降低到液膜反转点之前，气—水两相流动呈现环状流，此时气体已经能够连续携带液体，起泡剂的加入使得其流动压降增加，且持液率降低幅度相对较小，该区域称之为泡排反作用区。

（2）泡排有效区：当气相表观流速继续降低，低于液膜反转点时，加入起泡剂能够不同程度地降低气—水两相流动的实验测试压降和持液率，此区间称之为泡排有效区。从实验结果来看，携液临界气流速的模型计算值接近实验测试的液膜反转点，且能够有效地降低压降和持液率，故认为携液临界气流速为泡排有效区的气流速上限。

（3）泡排效果最佳区：在泡排有效区内，存在一个降低气—水两相流动压降和持液率效果最佳的区域，称之为泡排效果最佳区域。从图 8-32 中可知，当气—水两相流动从段塞流过渡到搅动流后，起泡剂的影响效果显著增强，压降和持液率的降低幅度增大。此外，在较低的气流速条件下，液相逐渐变为连续相，导致水动力学搅拌变弱，限制了起泡剂起泡，进而降低了泡排举升效率。

在气—水两相段塞流区域，流动稳定，较难起泡，由于泰勒气泡和管壁之间液膜反转的影响使得大部分的气水搅动发生在液塞处，故大多数的泡沫产生于泰勒气泡的液塞部分，越是稳定的泰勒气泡，流动越是平缓，泡排举升效率越低。因为气—水两相段塞流具有较低的泡排举升效率，结合之前的分析，泡排举升效率最大值出现在搅动—段塞流转换界限靠近搅动流的位置，则该界限是泡排举升效率迅速降低的界限，故认为气—水两相搅动—段塞流转换界限为泡排效果最佳区域的气流速界限。

（4）泡排失效区：随着气相表观流速的进一步降低，气—水两相与气—水—泡沫流动的两条曲线将趋于一点，即起泡剂对两相流动压降和持液率的影响效果越来越弱，甚至消失，且从实验现象可知，两相流动呈现泡状流时，起泡剂的加入对流动几乎不产生影响，则该区域称为泡排失效区域。

当流动为段塞流状态时，仅受泰勒气泡液塞部分的微弱搅动产生泡沫，而泡状流条件下，起泡剂的作用效果几乎消失。此外，随着气相表观流速的进一步降低，空气—水两相和空气—水—泡沫流动的压降和持液率曲线将相交，即加入起泡剂对气—水两相流动没有效果。当流动为泡状流时，因气泡呈分散流动，极少产生泡沫。因此，段塞流—泡状流转换界限既是泡排失效界限，也是泡排有效区域的气流速下限。

基于本书的实验结论，将实验气流速范围划分为不同的泡排适用区域，并指出不同区域之间的界限：泡排反作用区与泡排有效区之间的界限为泡排有效区气流速上限；泡排有效区与泡排失效区之间的界限既是泡排失效气流速界限又是泡排有效区域的气流速下限；在泡排有效区内存在最佳效果区，其存在泡排效果最佳区域气流速界限。为了便于应用，本节给出了泡排适用气量界限的数学模型。

（1）泡排有效区域气流速上限。

由于泡沫排水采气工艺通常针对积液气井应用，将携液临界气流速作为泡排有效区的气流速上限。在 Taitel 流型图中，其环状—搅动流转换界限，即携液临界气流速，应用Turner 模型来表征，而本书在前述章节中所提及的液膜反转点，实则表示环状流—搅动流的转换界限，且基于纳维—斯托克斯方程推导的液膜模型，旨在揭示泡沫膜的特征。因此，为了便于计算与应用，且考虑到大液量时泡排有效区域大幅度缩小，本书优选临界携液流量预测泡排有效区域气流速上限，其模型表达式见式（8-32）。

（2）泡排有效区域气流速下限/泡排失效气流速界限。

通过实验数据分析可知，气—水两相流动段塞流—泡状流转换界限既是泡排失效气流速界限又是泡排有效区域的气流速下限。而对于泡状流来说，泡状流中小气泡分散在连续液相中，其上升速度沿截面分布不均，气液间存在滑脱，故可以通过两相流漂移模型计算，泡排有效区域气流速下限的计算公式：

$$v_{sg} = 0.429v_{sl} + 0.546\left[\frac{g\sigma(\rho_1 - \rho_g)}{\rho_1^2}\right]^{0.25} \tag{8-47}$$

（3）泡排效果最佳区域气流速界限。

根据实验研究结论，气—水两相搅动流—段塞流转换界限为泡排效果最佳区域的气流速界限。Owen 的研究表明，该界限对应的含气率为 0.78，而在搅动流中，速度分布系数 C_0 取 1.15，气相漂移速度采用 Bendiksen 的泰勒气泡上升速度公式计算：

$$v_{sg} = 8.71 v_{sl} + 2.65 \left[\frac{gd(\rho_l - \rho_g)}{\rho_l} \right]^{0.5} \qquad (8\text{-}48)$$

以 5MPa 为井口最低输压，计算不同产水量、产气量实施泡排工艺所需的最小井底流压，结果如图 8-62 所示。

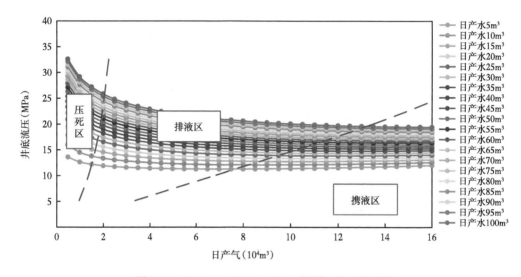

图 8-62　50.3mm+5MPa+4500m 泡排工艺适应界限

三、柱塞排采工艺适应界限研究

1. 实验设计

实验目的：分析产水量和压力对柱塞气举的影响，摸清柱塞气举工艺界限。

测试变量：液流量 0.2m³/h、0.4m³/h、0.6m³/h，套压 50kPa、100kPa、150kPa、200kPa、250kPa、300kPa、350kPa、400kPa。

实验组数：24 组。

实验思路：在进液量不变的条件下，分别调整套压，从而模拟不同条件下的柱塞举升排水采气情况，观察柱塞运行情况、液体漏失情况，以及柱塞下部液体对柱塞运行的影响。

根据实验室现有高架等具体实验条件，结合柱塞气举工艺原理，为了更加直观地观察柱塞运动情况、液体回落量和排出量，设计并搭建了室内柱塞气举排水采气实验装置。整套实验设备由供气供液、实验流动管路、测试与数据监测几个部分组成，实验流程图如图 8-63 所示。

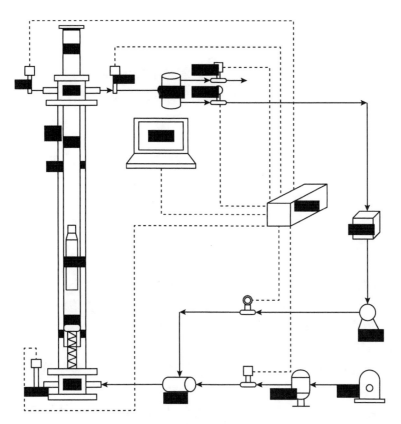

图 8-63　实验流程图

2. 实验结果分析

按照实验步骤完成了气量、液量、关井时间不同组合条件下的柱塞气举排水采气室内模拟实验，可得压力变化如图 8-64 所示。观察了柱塞运行情况和液体运移情况。

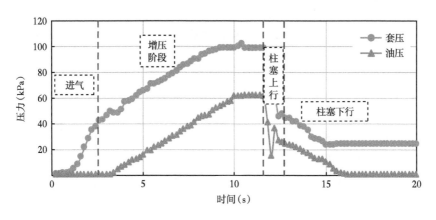

图 8-64　实验过程中压力变化

（1）关井前进气进液。

套管口封闭，油管口开启，开始进气进液，井底压力最先开始增大。随着气液进入，环空液面开始上升，此时套管压力不断增大，而油管压力始终为标准大气压。气液继续流入，油套压力不断增大，受到压差的影响，环空液面上升越来越缓慢，油管液面上升速度变快。

柱塞在开始进气进液后被液体淹没，之后离开井下限位器向上移动，原因是柱塞受到下端气液两相流及浮力作用克服了阻力开始运动，柱塞外壁和管内壁环空中的气液高速向上流动。

（2）关井压力恢复阶段。

气量液量逐渐稳定，关闭油管口，关井阶段开始。此时油管液面高度高于环空液面，随着继续进气进液，环空液面开始下降，液体流向油管，油管液面不断升高，环空液面降至油管鞋后不再变化，后续气液不再流入环空只流入油管。开始阶段油管静液柱压力较大，环空空间体积大，大部分气体进入环空中，随着套压逐渐增大，环空上部高压气体推动液体开始流向油管，并阻碍后续气液进入。

关井后柱塞下落回井下限位器，但气液仍沿着柱塞与油管环空向上流动，当环空液面开始下降时柱塞再次向上运动，随着关井时间增长柱塞重新落下。刚关井阶段油管进气量少，气液两相流作用小。随着油套环空液面下降，油管中气量增加，气液两相流作用增强。此后油管压力增大，进入油管气量减少，柱塞重新下落回井下限位器。

（3）柱塞上行阶段。

关井时间达到预设开井套压后开井，放排管线迅速喷出携有雾状液体的气体。同时柱塞推动液体向上移动，当液柱到达井口时，柱塞和液体运移有短时间的停顿，之后随着液体排出柱塞继续运动直到最高点。观察油管内壁可以发现有许多液滴附着，汇聚后流至井底，液体不能全部排出。分析其原因：开井，液面以上的高速流动气体携带部分液滴喷出井口，液柱上升至井口时会因前段液体无法及时排出产生回压阻碍排液，之后随着液体排出逐渐正常运行。

（4）柱塞下行阶段。

排液完成一段时间后，油管压力归为环境压力，柱塞在自身重力作用下开始回落，气体中柱塞下落速度较快，且气量越大，下落速度越慢。当柱塞在井底液体下落时，速度突然变小且不断上下浮动，其原因是受到液体浮力和气体的双重作用。一段时间后柱塞下落回井下限位器，开启下一周期。

（5）实验结果分析。

实验测量了不同条件下的排液量、液体回落量、柱塞上升时间、柱塞下落时间、柱塞上升高度等参数。对参数进行了影响因素分析。

①柱塞上升高度和排液效率。

柱塞到达最高点时排液效率最高，柱塞仍位于井筒中时排液效率最低。不同条件柱塞上升高度不同，导致排液效率不同。实验发现：开井套压相同，液量越大，排液量越大；井底压力相同，液量越大，排液量越大；液量相同，套压或井底压力越大，排液量越大。

从图8-65中可以看出：3种液量条件下，随着开井套压增大，柱塞上升高度都增加，但液量越大，柱塞上升所需套压越大，表明增大液量即增加静液柱压力，只要继续增大套压让柱塞克服静液柱压力就能向上运动。

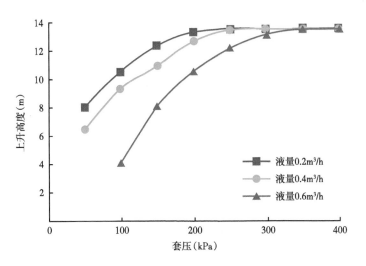

图 8-65　不同液量下柱塞上升高度

图 8-66 为无柱塞排液效率和有柱塞时的排液效率。

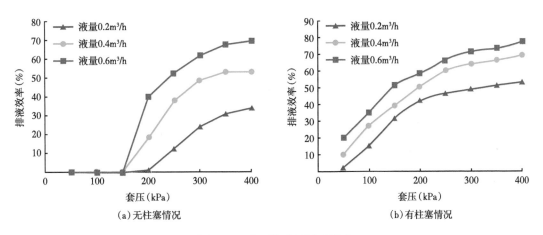

（a）无柱塞情况　　　　　　　　　　　　（b）有柱塞情况

图 8-66　有无柱塞时排液效率

　　对比图 8-66（a）和图 8-66（b）可以看出，随着套压增大，不同液量的排液效率曲线都呈现前期快速增长，继续增大套压开始放缓的趋势。开井套压相同，液量越大，排液效率越高。但未加入柱塞排液效率图中压力较小时不排液，这也证明了柱塞能够大幅度提高排液效率。二者呈现液量越大排液效率越高的原因是：液体越多，气体窜流越难，对气体密封效果就越强，气体以大气泡形式和柱塞合力推动液体上行。

　　②柱塞上升速度。

　　柱塞上行程运动速度不恒定，为了便于记录和分析采用平均速度法，模拟井总高度和柱塞上升最高点时间的比值来描述上升速度。

　　如图 8-67 所示，随着套压增大，3 种液量曲线的柱塞速度前期都快速增长，之后逐渐趋向平缓，且液量越小，静液柱压力越小，柱塞上升速度越快。从图 8-67 中也可以得出结论：柱塞上升速度不能无限制地随套压增大而增大，可以考虑工艺周期选择合适开井套压。

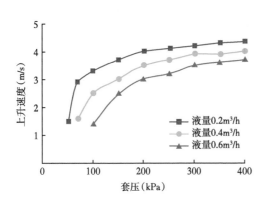

图 8-67　不同液量下柱塞上升速度

3. 工艺适应界限分析

柱塞气举技术是利用油井气层的气体（或外加气源气体）推动井下柱塞，举升油层液体的一种间歇举升方式。柱塞在被举升液体和高压气体之间起分隔作用，以减小气相和液相的滑脱损失，从而提高油井的举升效率。根据气源的不同，柱塞气举技术分为外加气源气举和本井气源气举。

柱塞排采工艺主要的工艺界限体现在两方面：（1）井底流压：续流阶段动态积液时井底压力满足生产所需压降；（2）积液量：开井套压能举升续流阶段的井筒积液量。

$$p_{wf} > p_{tmin} + \Delta p_d \qquad (8-49)$$

$$p_c > p_{cmin} = \frac{2V_2 p_2}{V_1 (1 + e^{s_3})} \qquad (8-50)$$

$$V_w = (q_{win} - q_{wout})T = \left[q_{win} - A\sqrt{\left(\frac{t_{mp}}{0.22}\right)^4 \frac{\rho_g}{\rho_l}} \right]T \qquad (8-51)$$

以 2MPa 为井口最低输压，计算不同产水量、产气量，实施柱塞工艺所需的最小井底流压，结果如图 8-68 所示。

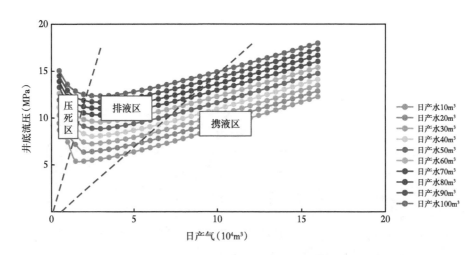

图 8-68　50.3mm 管径 +2MPa 油压 +3000m 井深柱塞工艺适应界限

以 5MPa 为井口最低输压，计算不同产水量、产气量，实施柱塞工艺所需的最小井底流压，结果如图 8-69 所示。

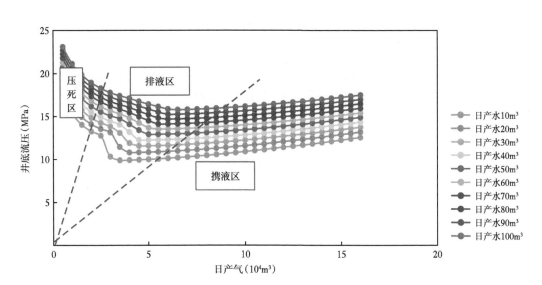

图 8-69　62mm+5MPa+4000m 井深柱塞工艺适应界限

不同排采工艺介入时机对气井最终 EUR 结果也会产生影响。下节针对优选管柱、泡排、柱塞、气举等排采工艺进行介入时机分析及应用。

第三节　油管下入时机模型及时机确定

页岩气井产水量大，套管携液能力不足，导致井筒内带液生产，井筒能量损耗大，在储层能量充足的时候，气井能带液生产，而在页岩气井储层能量快速降低、井底压力下降后，带液生产时井口压力过小，无法满足集输压力，此时就需要下入油管，改善井筒内的积液情况，使原来的带液生产转变为携液生产，降低井筒能量损耗。

一、油管下入时机模型

根据建立的井筒压降计算模型，其压降方程为：

$$\frac{\mathrm{d}p}{\mathrm{d}z} = \rho_{\mathrm{m}}g + f_{\mathrm{m}}\frac{G_{\mathrm{m}}^2}{2DA^2\rho_{\mathrm{m}}}, \qquad\qquad q_{\mathrm{sc}} > q_{\mathrm{c}} \qquad\qquad (8\text{-}52)$$

$$\frac{\mathrm{d}p}{\mathrm{d}z} = \rho_{\mathrm{m}}g\sin\theta + f_{\mathrm{m}}\frac{\rho_{\mathrm{m}}v_{\mathrm{m}}^2}{2D} + f_{\mathrm{m}}v_{\mathrm{m}}\frac{\mathrm{d}v_{\mathrm{m}}}{\mathrm{d}z}, \qquad q_{\mathrm{sc}} < q_{\mathrm{c}} \qquad (8\text{-}53)$$

其中式（8-28）右边第一项表示重力损失项，右边第二项表示摩阻损失项，右边第三项表示加速度损失项，加速度损失项可忽略不计。摩阻损失分为气相损失区和液相损失区，当产气量较小时，摩阻损失为气液滑脱损失，随产气量增大，摩阻损失减小。当产气量较大时，摩阻损失为气体与管壁的摩擦损失，随产气量增大，摩阻损失增大。

套管生产时，井底流压等于井口套压加上井筒能量损耗：

$$p_{\mathrm{wf1}} = p_{\mathrm{c}} + \Delta p_1 \qquad\qquad\qquad (8\text{-}54)$$

下入油管后，井口油压等于井底流压减去井筒能量损耗：

$$p_t = p_{wf2} - \Delta p_2 \tag{8-55}$$

假设下入油管前后产气产水相同，地层压力相同，即生产压差相同，井底流压相同，联立方程（8-54）和方程（8-55）得到下入油管后井口压力：

$$p_t = p_c + (\Delta p_1 - \Delta p_2) \tag{8-56}$$

下入油管前后井口压力减小，说明下入油管后井筒能量损耗增加；下入油管前后井口压力增大，说明下入油管后井筒能量损耗减小，此时可以考虑下入小管径油管，减小气井能量损耗。

二、油管下入时机确定

结合气井实际生产情况，代入模型中，计算出对应的油管下入后的井口压力变化情况，确定油管下入时机。

Lu209 井于 2022 年 4 月 16 日下入油管，根据油管下入时机模型计算结果，该井可于 2021 年 11 月 3 日下入油管（图 8-70），与实际下入油管时间相比提前约 193d。

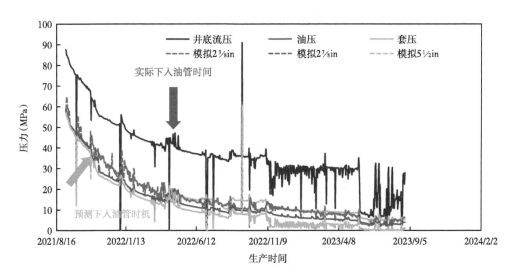

图 8-70　Lu209 井油管介入时机曲线

其中下入 $2\frac{3}{8}$in 井口压力提高 8.27MPa，下入 $2\frac{7}{8}$in 井口压力提高 1.48MPa。

第四节　页岩气井排采工艺介入时机实例分析

在前面页岩气压裂水平井多相产能耦合模型的研究中，通过对页岩气井的生产历史进行拟合，能够得到气井对应的产能系数和动态储量。

对于已经下入油管且发生积液的气井，根据前面对气井的生产拟合得到对应的产能系数，通过产能公式计算得到压力—产量曲线，并考虑气井积液情况和不同工艺介入的影响，可以确定排采工艺介入时机和工艺合理配产。

根据对 Lu220 井的生产历史拟合（图 8-71 和图 8-72），得到该井的产能系数 A、B、C 分别为 83.06、0.05 与 0.000032。

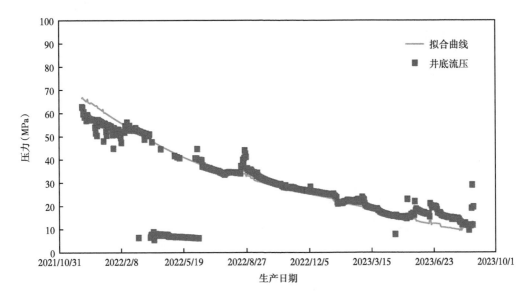

图 8-71　Lu220 井压力拟合曲线

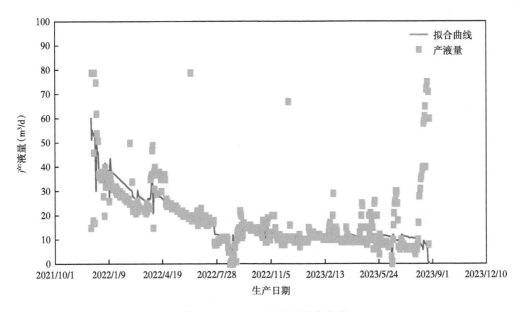

图 8-72　Lu220 井产水拟合曲线

在目前生产条件下，结合不同排采工艺适应界限图版（图 8-73 至图 8-75），根据气井产气量、产液量确定工艺介入上限（排液区），根据井底流压（或井口压力）确定工艺介入下限（最小压力限制）（图 8-76）。

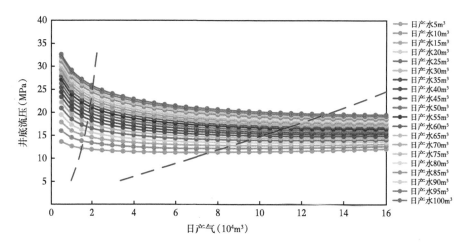

图 8-73　Lu220 井泡排工艺适应界限

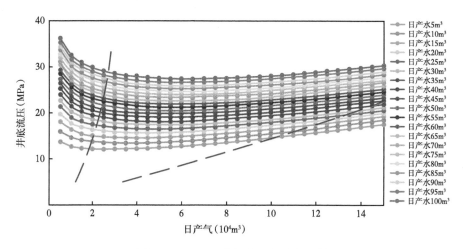

图 8-74　Lu220 井气举工艺适应界限

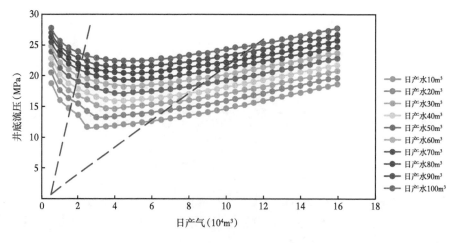

图 8-75　Lu220 井柱塞工艺适应界限

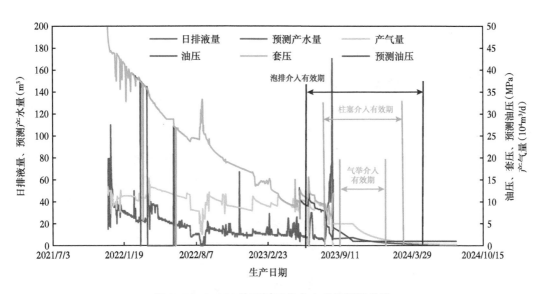

图 8-76　Lu220 井不同工艺介入时机预测曲线

第九章　实例井分析

本章主要是计算气井返排系数 *A*、*B*，根据第二章的返排规律将川南页岩气井划分为第一类、第二类、第三类、第四类返排井。分析各类气井生产特征，对各类典型页岩气井进行实例分析和生产拟合，确定气井产能与控制储量，在不同生产制度下对各类气井生产预测，分析气井产气、产水变化规律，气井稳产能力及不同生产条件的生产表现，获取页岩气井生产有效期，将为确定川南页岩气井生产方案提供帮助。

第一节　第一类气井

对于返排系数 *A*<8、*B*<-10 的页岩气井，归为第一类井，包括 Lu203H6-3 井、Yang203-H2 井、Gu205-H2 井、Hai201-H1 井、Dong202-H2 井等 14 口井。对 Lu203H6-3 井、Lu220 井进行了分析。

一、Lu203H6-3 井

Lu203H6-3 井位于四川省泸州市泸县方洞镇雨锋村 1 组，构造位置为奥陶系上统五峰组底界福集向斜北段。该井水平段长度 1710.00m，完钻斜深 4679.86m，垂深 3732.29m，完钻层位为龙马溪组，采用套管完井。

1. 气井产气能力与可采储量预测

Lu203H6-3 井于 2023 年 2 月 4 日开始生产，截至 2023 年 8 月 24 日，该井累计产气 0.09×10⁸m³，累计产水 2306.5m³，入井总液量为 28105.45m³，根据页岩气井压裂液返排规律研究结果，Lu203H6-3 井为第一类气井。其生产曲线如图 9-1 所示。

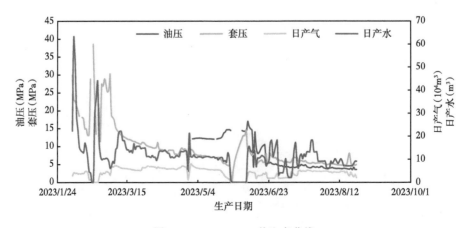

图 9-1　Lu203H6-3 井生产曲线

通过页岩气气井生产数据拟合方法，确定气井产气能力与可采储量。利用 Lu203H6-3 井生产过程中的井底流压测试数据，使用 Lu203H6-3 井产气量、产水量等生产数据作为已知参数，以不同时期的 Lu203H6-3 井实测井底流压为拟合目标，通过调整新模型参数，使得预测气井井底流压与实测值一致，由此确定气井产能与可采储量，Lu203H6-3 井井底流压拟合如图 9-2 所示。

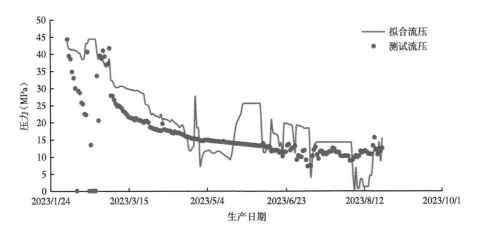

图 9-2　Lu203H6-3 井井底流压拟合

基于页岩气气井生产数据拟合方法，求得 Lu203H6-3 井产能系数 A 值、产能系数 B 值及产能系数 C 值，分别为 112.00、0.22 与 0.000001775，由此可确定 Lu203H6-3 井 IPR 曲线如图 9-3 所示。

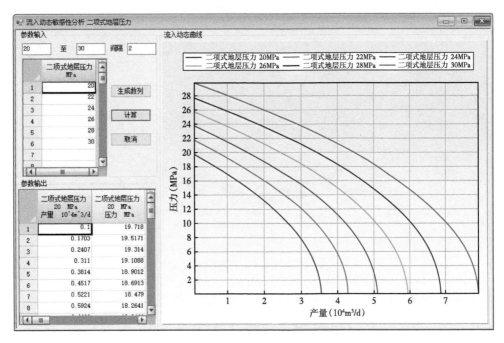

图 9-3　Lu203H6-3 井 IPR 曲线

基于页岩气气井生产数据拟合方法，求得 Lu203H6-3 井裂缝系统与基质系统可采储量分别为 $1600.19×10^4m^3$ 与 $7162.08×10^4m^3$，Lu203H6-3 井总可采储量为 $0.876×10^8m^3$。

2. 气井压裂液返排规律核实

根据页岩气井压裂液返排规律研究结果，Lu203H6-3 井为第一类气井，由相渗函数法进行拟合，其相渗系数 A、B 及储层初始水量分别为 2.6239，-15.88，28105.45，所得结果如图 9-4 和图 9-5 所示。

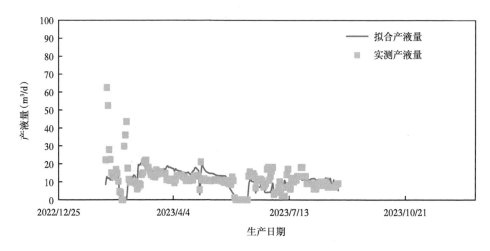

图 9-4　Lu203H6-3 井日产水拟合曲线

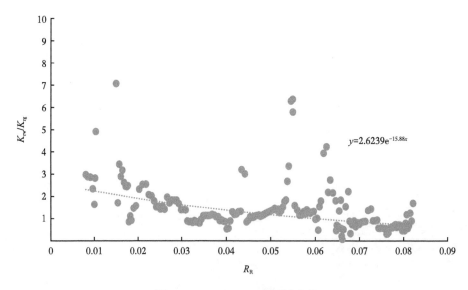

图 9-5　Lu203H6-3 井返排曲线

3. 气井生产情况预测

在图上画出 IPR 曲线、TPR 曲线、临界携液曲线（图 9-6），综合节点法和临界携液曲线，确定 Lu203H6-3 井的合理配产范围。

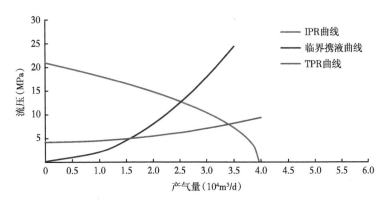

图 9-6　Lu203H6-3 井合理配产范围

在气井产气、产水规律核实的基础上，利用页岩气井产能公式与储层物质平衡方法，以合理产量 $2×10^4m^3/d$、$2.5×10^4m^3/d$、$3×10^4m^3/d$ 进行配产，预测油管生产、放喷生产下气井产气、产水变化，得到 Lu203H6-3 井的生产情况，如图 9-7 至图 9-10 所示。

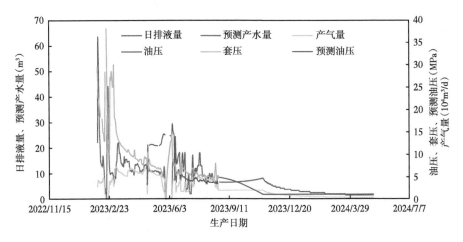

图 9-7　Lu203H6-3 井定产生产预测曲线（定产气量 $2×10^4m^3/d$）

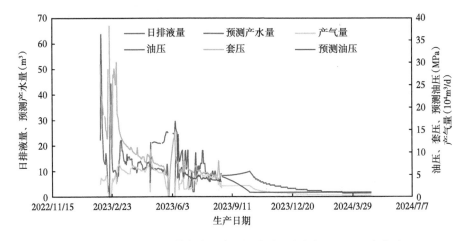

图 9-8　Lu203H6-3 井定产生产预测曲线（定产气量 $2.5×10^4m^3/d$）

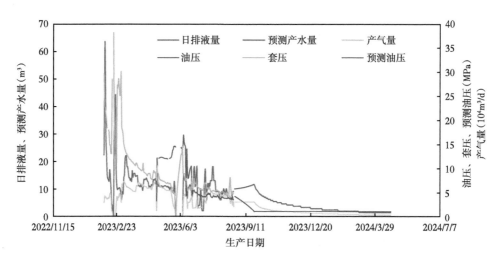

图 9-9　Lu203H6-3 井定产生产预测曲线（定产气量 $3×10^4 m^3/d$）

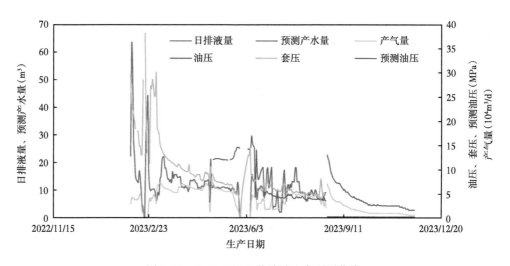

图 9-10　Lu203H6-3 井放喷生产预测曲线

由图 9-7 至图 9-9 可知，气井以 $2×10^4 m^3/d$、$2.5×10^4 m^3/d$、$3×10^4 m^3/d$ 进行配产，其稳产时间分别为 74d、47d、31d，气井累计产气 $0.11×10^8 m^3$、$0.10×10^8 m^3$、$0.10×10^8 m^3$。因此 $2×10^4 m^3/d$ 配产情况下，气井累计产气最大，采出程度最高。放喷生产气井累计产气 $0.09×10^8 m^3$。

二、Lu220 井

1. 气井产气能力与可采储量预测

Lu220 井于 2021 年 12 月 7 日开始生产，截至 2023 年 8 月 24 日，该井累计产气 $0.62×10^8 m^3$，累计产水 $11773 m^3$，入井总液量为 $52978.1\ m^3$，根据页岩气井压裂液返排规律研究结果，Lu220 井为第一类气井。其生产曲线如图 9-11 所示。

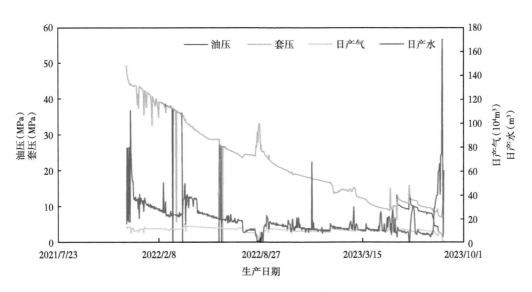

图 9-11 Lu220 井生产曲线

通过页岩气气井生产数据拟合方法，确定气井产气能力与可采储量。利用 Lu220 井生产过程中的井底流压测试数据，使用 Lu220 井产气量、产水量等生产数据作为已知参数，以不同时期的 Lu220 井实测井底流压力为拟合目标，通过调整新模型参数，使得预测气井井底流压与实测值一致，由此确定气井产能与可采储量，如图 9-12 所示。

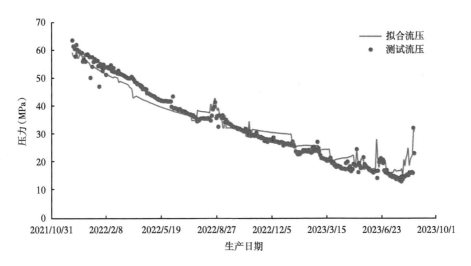

图 9-12 Lu220 井井底流压拟合

基于页岩气气井生产数据拟合方法，求得 Lu220 井产能系数 A 值、产能系数 B 值及产能系数 C 值，分别为 83.06、0.05 与 0.000032，由此可确定 Lu220 井 IPR 曲线如图 9-13 所示。

基于页岩气气井生产数据拟合方法，求得 Lu220 井裂缝系统与基质系统可采储量分别为 6999.90×10^4m³ 与 9635.38×10^4m³，Lu220 井总可采储量为 1.664×10^8m³。

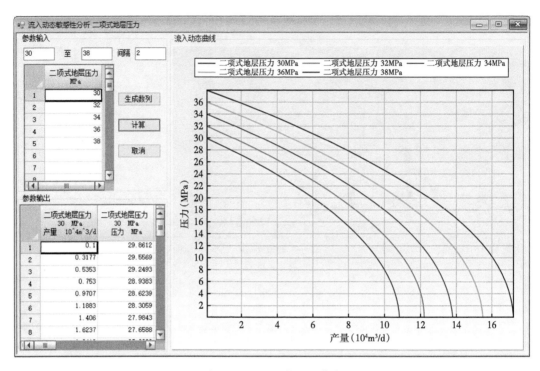

图 9-13　Lu220 井 IPR 曲线

2. 气井压裂液返排规律核实

根据页岩气井压裂液返排规律研究结果，Lu220 井为第一类气井，由相渗函数法进行拟合，其相渗系数 A、B 及储层初始水量分别为 7.975，−13.89，52978.1。所得结果如图 9-14 和图 9-15 所示。

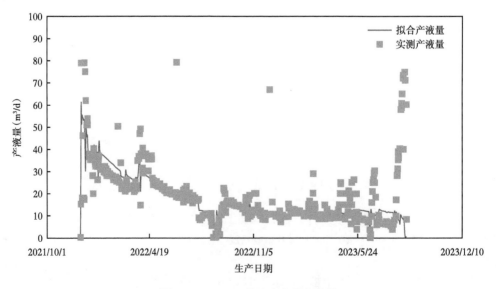

图 9-14　Lu220 井日产水拟合曲线

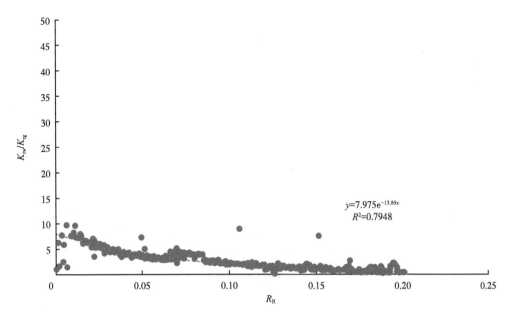

图 9-15　Lu220 井返排曲线

3. 气井生产情况预测

在图上画出 IPR 曲线、TPR 曲线、临界携液曲线（图 9-16），综合节点法和临界携液曲线，确定 Lu220 井的合理配产范围。

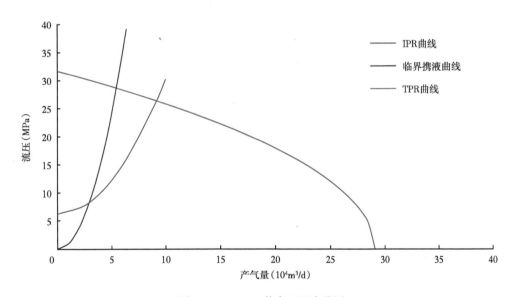

图 9-16　Lu220 井合理配产范围

在气井产气、产水规律核实的基础上，利用页岩气井产能公式与储层物质平衡方法，以合理产量 $5×10^4m^3/d$、$6×10^4m^3/d$、$7×10^4m^3/d$ 进行配产，分别预测油管生产、放喷生产下气井产气、产水变化，得到 Lu220 井生产情况，如图 9-17 至图 9-20 所示。

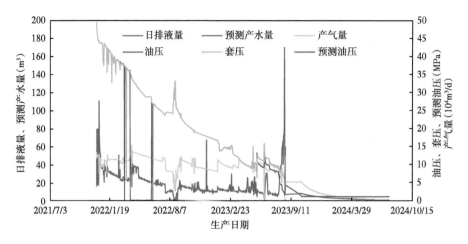

图 9-17　Lu220 井定产生产预测曲线（定产气量 5×10⁴m³/d）

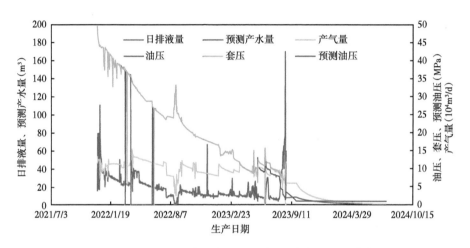

图 9-18　Lu220 井定产生产预测曲线（定产气量 6×10⁴m³/d）

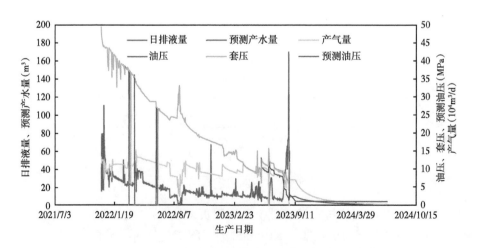

图 9-19　Lu220 井定产生产预测曲线（定产气量 7×10⁴m³/d）

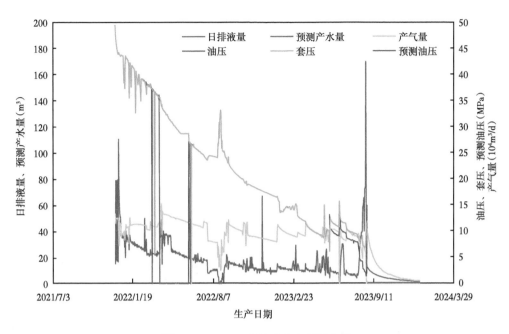

图 9-20　Lu220 井放喷生产预测曲线

由图 9-17 至图 9-19 可知，气井以 $5\times10^4m^3/d$、$6\times10^4m^3/d$、$7\times10^4m^3/d$ 进行配产，其稳产时间分别为 54d、33d、18d，气井累计产气 $0.69\times10^8m^3$、$0.68\times10^8m^3$、$0.66\times10^8m^3$。因此 $5\times10^4m^3/d$ 配产情况下，气井累计产气最大，采出程度最高。放喷生产气井累计产气 $0.64\times10^8m^3$。

第二节　第二类气井

对于返排系数 $A>8$、$B<-10$ 的页岩气井，归为第二类井，包括 Zi201H53-1 井、Zi201H53-4 井、Wei212 井、Lu204 井、Yang203-H1 井等 26 口井。对 Zi201H53-1 井、Zi201H53-4 井、Wei212 井进行了分析。

一、Zi201H53-1 井

Zi201H53-1 井位于四川省自贡市荣县双石镇蔡家堰村 24 组，构造位置为威远构造南翼斜坡。该井水平段长度 2000.00m，完钻斜深 6100.00m，垂深 3840.82m，完钻层位为龙马溪组，采用套管完井。

1. 气井产气能力与可采储量预测

Zi201H53-1 井于 2021 年 10 月 11 日开始生产，截至 2023 年 8 月 24 日，该井累计产气 $0.36\times10^8m^3$，累计产水 30891.08m³，入井总液量为 57770m³，根据页岩气井压裂液返排规律研究结果，Zi201H53-1 井为第二类气井。其生产曲线如图 9-21 所示。

通过页岩气气井生产数据拟合方法，确定气井产气能力与可采储量。利用 Zi201H53-1 井生产过程中的井底流压测试数据，使用 Zi201H53-1 井产气量、产水量等生产数据作为已知参数，以不同时期的 Zi201H53-1 井实测井底流压为拟合目标，通过调整新模型参数，使得预测气井井底流压与实测值一致，由此确定气井产能与可采储量，Zi201H53-1 井井底流压拟合如图 9-22 所示。

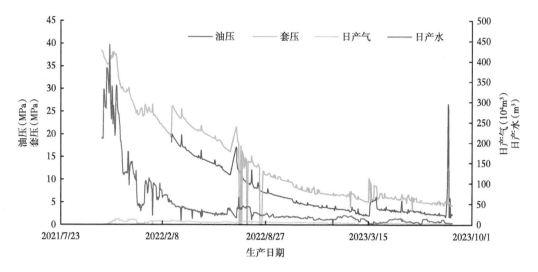

图 9-21　Zi201H53-1 井生产曲线

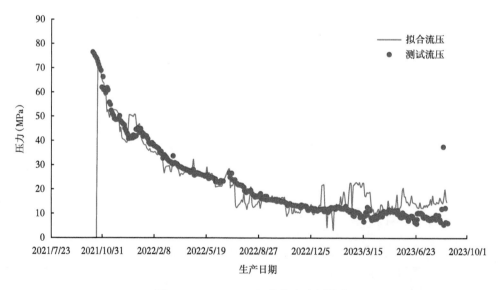

图 9-22　Zi201H53-1 井井底流压拟合

基于页岩气气井生产数据拟合方法，求得 Zi201H53-1 井产能系数 A 值、产能系数 B 值及产能系数 C 值，分别为 132.30、0.11 与 0.000010981，由此可确定 Zi201H53-1 井 IPR 曲线如图 9-23 所示。

基于页岩气气井生产数据拟合方法，求得 Zi201H53-1 井裂缝系统与基质系统可采储量分别为 2996.93×10⁴m³ 与 10209.09×10⁴m³，Zi201H53-1 井总可采储量为 1.321×10⁸m³。

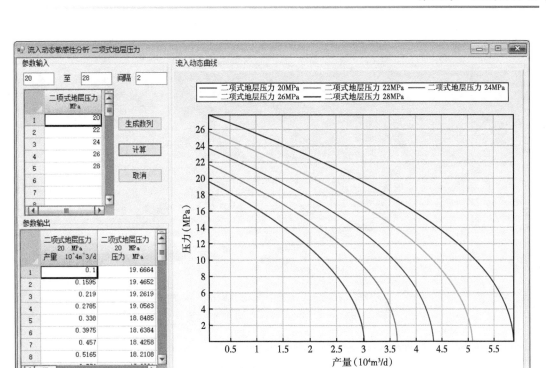

图 9-23　Zi201H53-1 井 IPR 曲线

2. 气井压裂液返排规律核实

根据页岩气井压裂液返排规律研究结果，Zi201H53-1 井为第二类气井，由相渗函数法进行拟合，其相渗系数 A、B 及储层初始水量分别为 409.97，-11.77，57770。所得结果如图 9-24 和图 9-25 所示。

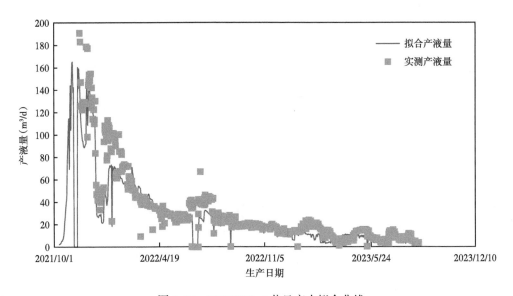

图 9-24　Zi201H53-1 井日产水拟合曲线

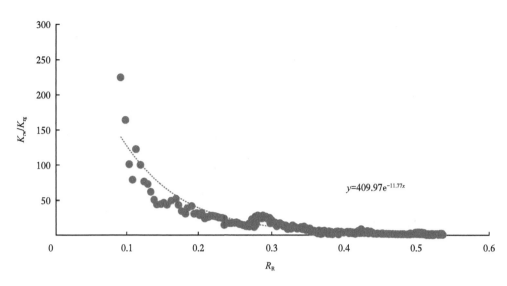

$y=409.97e^{-11.77x}$

图 9-25　Zi201H53-1 井返排曲线

3. 气井生产情况预测

在图上画出 IPR 曲线、TPR 曲线、临界携液曲线（图 9-26），综合节点法和临界携液曲线，确定 Zi201H53-1 井的合理配产范围。

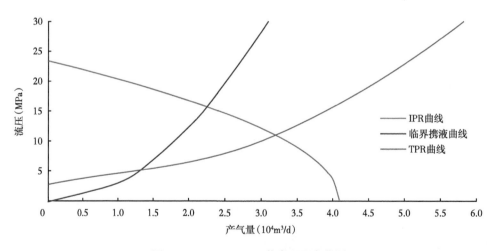

图 9-26　Zi201H53-1 井合理配产范围

在气井产气、产水规律核实的基础上，利用页岩气井产能公式与储层物质平衡方法，以合理产量 $1.5 \times 10^4 m^3/d$、$2 \times 10^4 m^3/d$、$2.5 \times 10^4 m^3/d$ 进行配产，分别预测套管生产和油管生产下气井产气、产水变化，得到 Zi201H53-1 井的生产情况，如图 9-27 至图 9-30 所示。

由图 9-27 至图 9-29 可知，气井以 $1.5 \times 10^4 m^3/d$、$2 \times 10^4 m^3/d$、$2.5 \times 10^4 m^3/d$ 进行配产，其稳产时间分别为 202d、81d、18d，气井累计产气 $0.43 \times 10^8 m^3$、$0.42 \times 10^8 m^3$、$0.41 \times 10^8 m^3$。因此 $1.5 \times 10^4 m^3/d$ 配产情况下，气井累计产气最大，采出程度最高。放喷生产气井累计产气 $0.39 \times 10^8 m^3$。

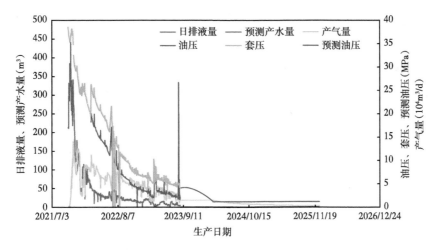

图 9-27　Zi201H53-1 井定产生产预测曲线（定产气量 $1.5\times10^4\mathrm{m}^3/\mathrm{d}$）

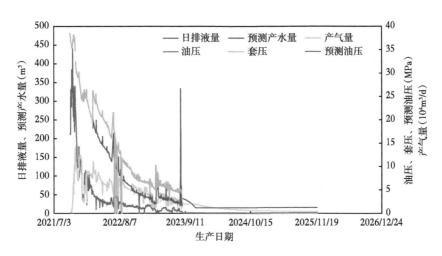

图 9-28　Zi201H53-1 井定产生产预测曲线（定产气量 $2\times10^4\mathrm{m}^3/\mathrm{d}$）

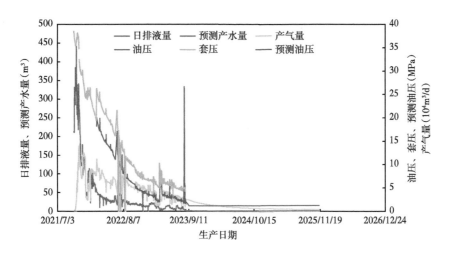

图 9-29　Zi201H53-1 井定产生产预测曲线（定产气量 $2.5\times10^4\mathrm{m}^3/\mathrm{d}$）

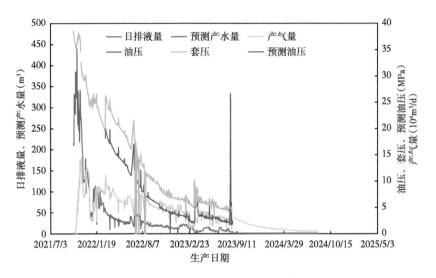

图 9-30　Zi201H53-1 井放喷生产预测曲线

二、Zi201H53-4 井

Zi201H53-4 井位于四川省自贡市荣县双石镇蔡家堰村 24 组，构造位置为威远构造南翼斜坡。该井水平段长度 2000.00m，完钻斜深 6285.00m，垂深 3844.29m，完钻层位为龙马溪组，采用套管完井。

1. 气井产气能力与可采储量预测

Zi201H53-4 井于 2021 年 10 月 10 日开始生产，截至 2023 年 8 月 24 日，该井累计产气 $37.45 \times 10^8 \mathrm{m}^3$，累计产水 $25578.8 \mathrm{m}^3$，入井总液量为 $58607 \mathrm{m}^3$，根据页岩气井压裂液返排规律研究结果，Zi201H53-4 井为第二类气井。其生产曲线如图 9-31 所示。

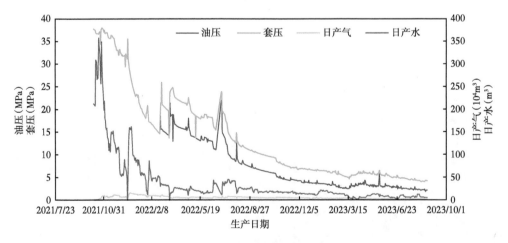

图 9-31　Zi201H53-4 井生产曲线

通过页岩气气井生产数据拟合方法，确定气井产气能力与可采储量。利用 Lu201H53-4 井生产过程中的井底流压测试数据，使用 Zi201H53-4 井产气量、产水量等生产数据作为已知参数，以不同时期的 Zi201H53-4 井实测井底流压为拟合目标，通过调整新模型参数，使得预测气井井底流压与实测值一致，由此确定气井产能与可采储量，Zi201H53-4 井井底流压拟合如图 9-32 所示。

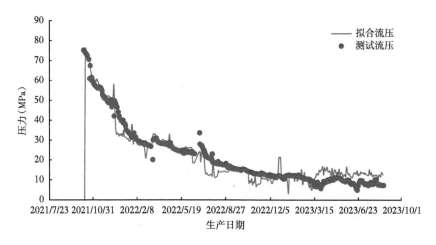

图 9-32　Zi201H53-4 井井底流压拟合

基于页岩气气井生产数据拟合方法，求得 Lu201H53-4 井产能系数 A 值、产能系数 B 值及产能系数 C 值，分别为 135.08、0.04 与 0.0000085，由此可确定 Zi201H53-4 井 IPR 曲线如图 9-33 所示。

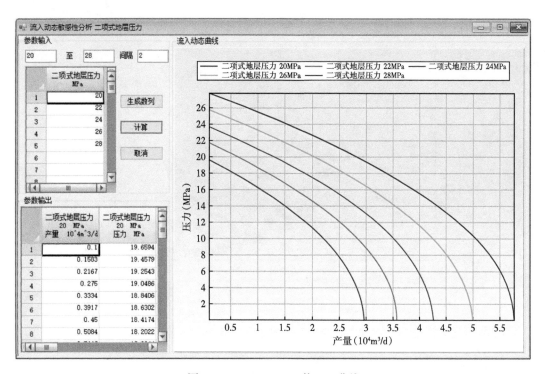

图 9-33　Zi201H53-4 井 IPR 曲线

基于页岩气气井生产数据拟合方法，求得 Zi201H53-4 井裂缝系统与基质系统可采储量分别为 $3548.22 \times 10^4 m^3$ 与 $10299.09 \times 10^4 m^3$，Zi201H53-4 井总可采储量为 $1.385 \times 10^8 m^3$。

2. 气井压裂液返排规律核实

根据页岩气井压裂液返排规律研究结果，Zi201H53-4 井为第二类气井，由相渗函数法进行拟合，其相渗系数 A、B 及储层初始水量分别为 134.36，-12.22，58607。所得结果如图 9-34 和图 9-35 所示。

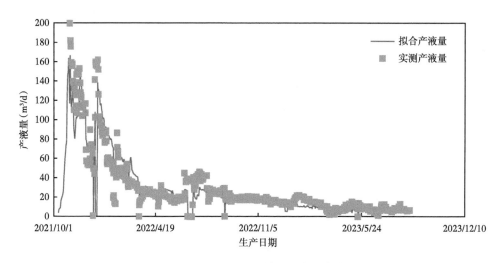

图 9-34　Zi201H53-4 井日产水拟合曲线

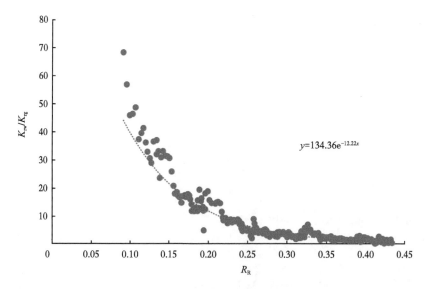

图 9-35　Zi201H53-4 井返排曲线

3. 气井生产情况预测

在图上画出 IPR 曲线、TPR 曲线、临界携液曲线（图 9-36），综合节点法和临界携液曲线，确定 Zi201H53-4 井的合理配产范围。

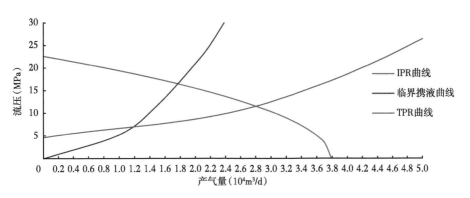

图 9-36 Zi201H53-4 井合理配产范围

在气井产气、产水规律核实的基础上，利用页岩气井产能公式与储层物质平衡方法，以合理产量 $1.5×10^4m^3/d$、$2×10^4m^3/d$、$2.5×10^4m^3/d$ 进行配产，分别预测套管生产和油管生产下气井产气、产水变化，得到 Zi201H53-4 井的生产情况，如图 9-37 至图 9-40 所示。

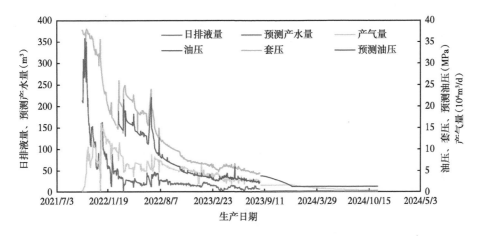

图 9-37 Zi201H53-4 井定产生产预测曲线（定产气量 $1.5×10^4m^3/d$）

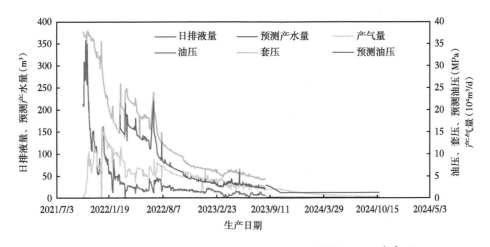

图 9-38 Zi201H53-4 井定产生产预测曲线（定产气量 $2×10^4m^3/d$）

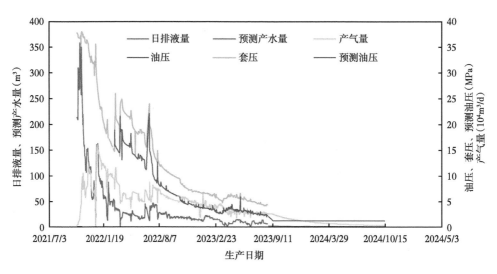

图 9-39　Zi201H53-4 井定产生产预测曲线（定产气量 2.5×10⁴m³/d）

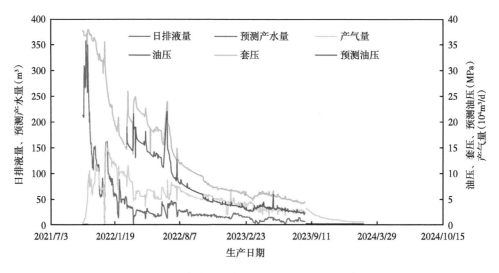

图 9-40　Zi201H53-4 井放喷生产预测曲线

　　由图 9-37 至图 9-39 可知，气井以 1.5×10⁴m³/d、2×10⁴m³/d、2.5×10⁴m³/d 进行配产，其稳产时间分别为 121d、55d、17d，气井累计产气 0.42×10⁸m³、0.41×10⁸m³、0.41×10⁸m³。因此 1.5×10⁴m³/d 配产情况下，气井累计产气最大，采出程度最高。放喷生产气井累计产气 0.39×10⁸m³。

三、Wei212 井

　　Wei212 井位于四川省内江市市中区凌家镇尖山坡村 8 组，构造位置为威远构造南翼。该井水平段长度 1500.00m，完钻斜深 5285.00m，垂深 3634.19m，完钻层位为龙马溪组，采用套管完井。

1.气井产气能力与可采储量预测

Wei212井于2020年9月1日开始生产，截至2023年8月24日，该井累计产气0.22×10^{8}m^3，累计产水24947.9m^3，入井总液量为41142.63m^3，根据页岩气井压裂液返排规律研究结果，Wei212井为第二类气井。其生产曲线如图9-41所示。

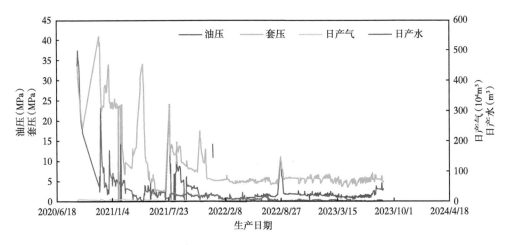

图 9-41　Wei212 井生产曲线

通过页岩气气井生产数据拟合方法，确定气井产气能力与可采储量。利用 Wei212 井生产过程中的井底流压测试数据，使用 Wei212 井产气量、产水量等生产数据作为已知参数，以不同时期的 Wei212 井实测井底流压为拟合目标，通过调整新模型参数，使得预测气井井底流压与实测值一致，由此确定气井产能与可采储量，Wei212 井井底流压拟合如图 9-42 所示。

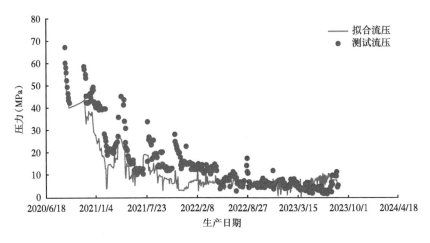

图 9-42　Wei212 井井底流压拟合

基于页岩气气井生产数据拟合方法，求得 Wei212 井产能系数 A 值、产能系数 B 值及产能系数 C 值，分别为121.20、0.75与0.0000025，由此可确定 Wei212 井 IPR 曲线如图 9-43 所示。

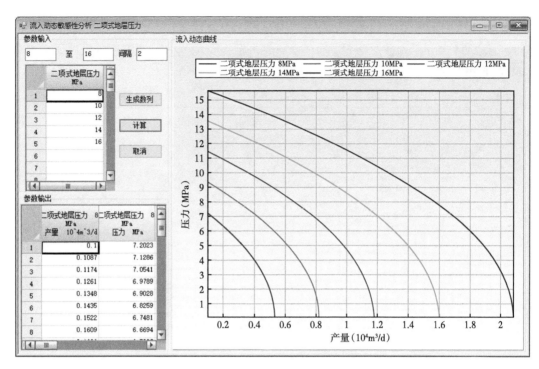

图 9-43　Wei212 井 IPR 曲线

基于页岩气气井生产数据拟合方法，求得 Wei212 井裂缝系统与基质系统可采储量分别为 3828.45×10⁴m³ 与 3553.75×10⁴m³，Wei212 井总可采储量为 0.7382×10⁸m³。

2. 气井压裂液返排规律核实

根据页岩气井压裂液返排规律研究结果，Wei212 井为第二类气井，由相渗函数法进行拟合，其相渗系数 A、B 及储层初始水量分别为 270.56，−10.39，41142.63。所得结果如图 9-44 和图 9-45 所示。

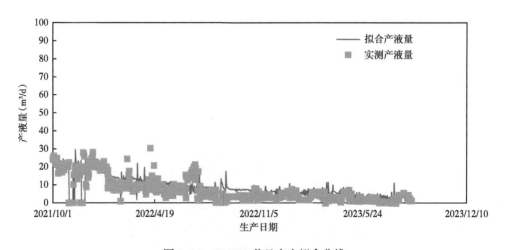

图 9-44　Wei212 井日产水拟合曲线

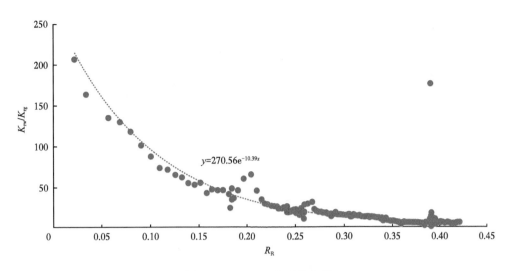

图 9-45　Wei212 井返排曲线

3. 气井生产情况预测

在图上画出 IPR 曲线、TPR 曲线、临界携液曲线（图 9-46），综合节点法和临界携液曲线，确定 Wei212 井的合理配产范围。

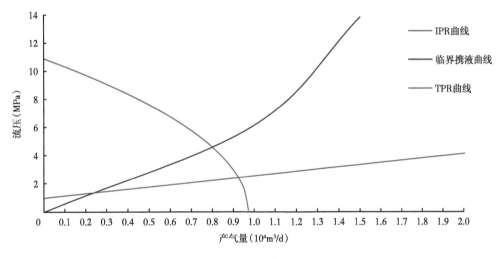

图 9-46　Wei212 井合理配产范围

在气井产气、产水规律核实的基础上，利用页岩气井产能公式与储层物质平衡方法，以合理产量 $0.5×10^4m^3/d$、$0.7×10^4m^3/d$、$0.9×10^4m^3/d$ 进行配产，分别预测套管生产和油管生产下气井产气、产水变化，得到 Wei212 井的生产情况，如图 9-47 至图 9-50 所示。

由图 9-47 至图 9-49 可知，气井以 $0.5×10^4m^3/d$、$0.7×10^4m^3/d$、$0.9×10^4m^3/d$ 进行配产，其稳产时间分别为 779d、441d、263d，气井累计产气 $0.28×10^8m^3$、$0.27×10^8m^3$、$0.26×10^8m^3$。因此 $0.5×10^4m^3/d$ 配产情况下，气井累计产气最大，采出程度最高。放喷生产气井累计产气 $0.25×10^8m^3$。

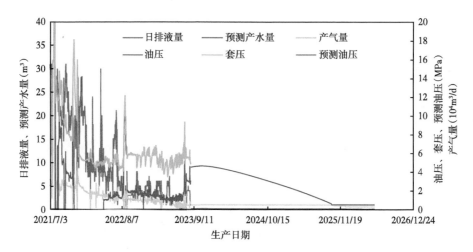

图 9-47　Wei212 井定产生产预测曲线（定产气量 0.5×10⁴m³/d）

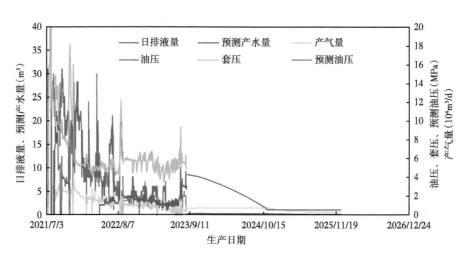

图 9-48　Wei212 井定产生产预测曲线（定产气量 0.7×10⁴m³/d）

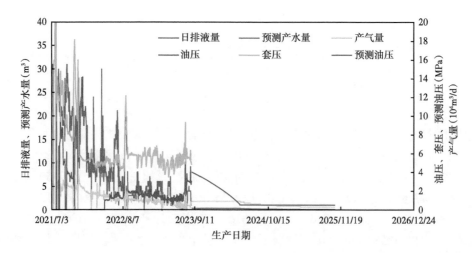

图 9-49　Wei212 井定产生产预测曲线（定产气量 0.9×10⁴m³/d）

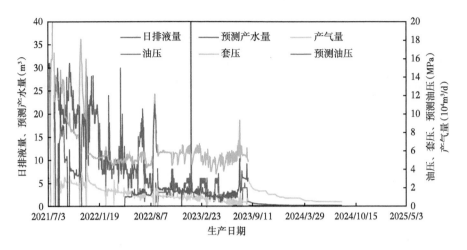

图 9-50　Wei212 井放喷生产预测曲线

第三节　第三类气井

对于返排系数 $A < 8$、$B > -10$ 的页岩气井，归为第三类井，包括 Zi211 井、Wei211 井、Wei201-H1 井、Zi203 井、Yi202 井等 17 口井。对 Zi211 井、Wei211 井进行了分析。

一、Zi211 井

Zi211 井位于四川省自贡市贡井区龙潭镇万坪村 11 组，构造位置为自流井构造东南翼。该井水平段长度 1500.00m，完钻斜深 5685.00m，垂深 3968.31m，完钻层位为龙马溪组，采用套管完井。

1. 气井产气能力与可采储量预测

Zi211 井于 2022 年 2 月 11 日开始生产，截至 2023 年 7 月 9 日，该井累计产气 $20.47 \times 10^8 \mathrm{m}^3$，累计产水 13575.6m³，入井总液量为 42437.96m³，根据页岩气井压裂液返排规律研究结果，Zi211 井为第三类气井。其生产曲线如图 9-51 所示。

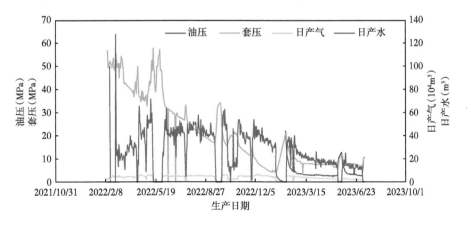

图 9-51　Zi211 井生产曲线

通过页岩气气井生产数据拟合方法，确定气井产气能力与可采储量。利用 Zi211 井生产过程中的井底流压测试数据，使用 Zi211 井产气量、产水量等生产数据作为已知参数，以不同时期的 Zi211 井实测井底流压为拟合目标，通过调整新模型参数，使得预测气井井底流压与实测值一致，由此确定气井产能与可采储量，Zi211 井井底流压拟合如图 9-52 所示。

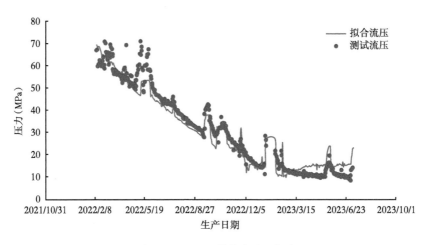

图 9-52　Zi211 井井底流压拟合

基于页岩气气井生产数据拟合方法，求得 Zi211 井产能系数 A 值、产能系数 B 值及产能系数 C 值，分别为 127.51、1.00 与 0.000010957，由此可确定 Zi211 井 IPR 曲线如图 9-53 所示。

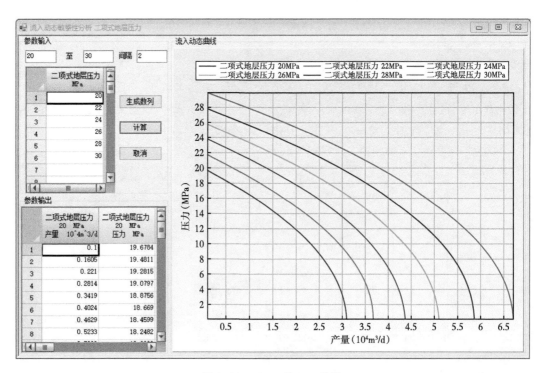

图 9-53　Zi211 井 IPR 曲线

基于页岩气气井生产数据拟合方法，求得 Zi211 井裂缝系统与基质系统可采储量分别为 3900.14×10⁴m³ 与 10374.51×10⁴m³，Zi211 井总可采储量为 1.427×10⁸m³。

2. 气井压裂液返排规律核实

根据页岩气井压裂液返排规律研究结果，Zi211 井为第三类气井，由相渗函数法进行拟合，其相渗系数 A、B 及储层初始水量分别为 4.9842，−9.94，42437.96。所得结果如图 9-54 和图 9-55 所示。

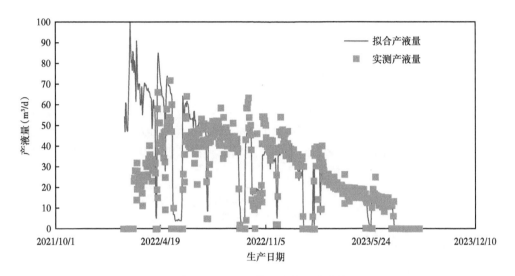

图 9-54　Zi211 井日产水拟合曲线

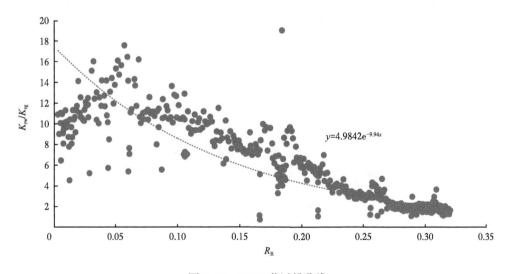

图 9-55　Zi211 井返排曲线

3. 气井生产情况预测

在图上画出 IPR 曲线、TPR 曲线、临界携液曲线（图 9-56），综合节点法和临界携液曲线，确定 Zi211 井的合理配产范围。

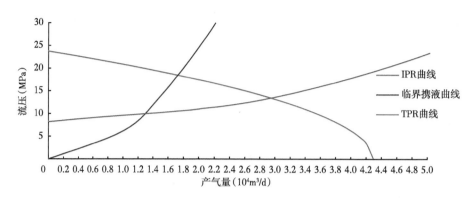

图 9-56　Zi211 井合理配产范围

在气井产气、产水规律核实的基础上，利用页岩气井产能公式与储层物质平衡方法，以合理产量 $1.5×10^4m^3/d$、$2×10^4m^3/d$、$2.5×10^4m^3/d$ 进行配产，分别预测套管生产和油管生产下气井产气、产水变化，得到 Zi211 井的生产情况，如图 9-57 至图 9-60 所示。

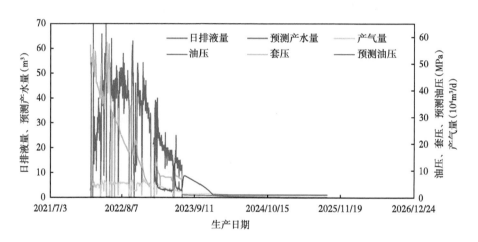

图 9-57　Zi211 井定产生产预测曲线（定产气量 $1.5×10^4m^3/d$）

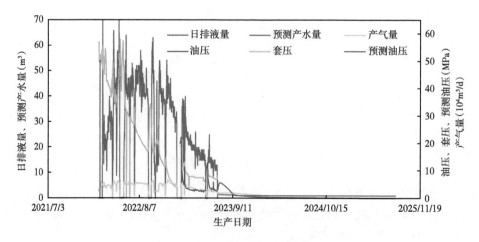

图 9-58　Zi211 井定产生产预测曲线（定产气量 $2×10^4m^3/d$）

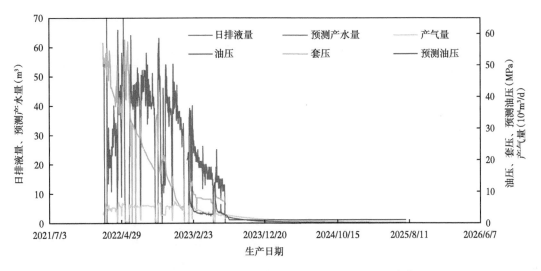

图 9-59 Zi211 井定产生产预测曲线（定产气量 $2.5 \times 10^4 m^3/d$）

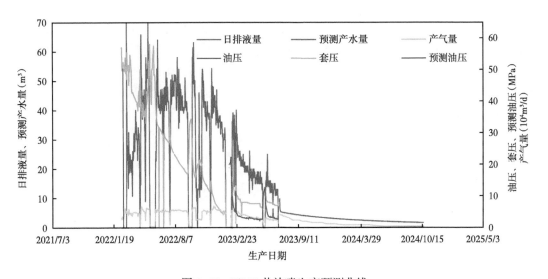

图 9-60 Zi211 井放喷生产预测曲线

由图 9-57 至图 9-59 可知，气井以 $1.5 \times 10^4 m^3/d$、$2 \times 10^4 m^3/d$、$2.5 \times 10^4 m^3/d$ 进行配产，其稳产时间分别为 164d、68d、17d，气井累计产气 $0.28 \times 10^8 m^3$、$0.27 \times 10^8 m^3$、$0.26 \times 10^8 m^3$。因此 $1.5 \times 10^4 m^3/d$ 配产情况下，气井累计产气最大，采出程度最高。放喷生产气井累计产气 $0.24 \times 10^8 m^3$。

二、Wei211 井

1. 气井产气能力与可采储量预测

Wei211 井于 2021 年 5 月 12 日开始生产，截至 2023 年 8 月 24 日，该井累计产气 $0.26 \times 10^8 m^3$，累计产水 10785 m^3，入井总液量为 39222.8 m^3，根据页岩气井压裂液返排规

律研究结果，Wei211 井为第三类气井。其生产曲线如图 9-61 所示。

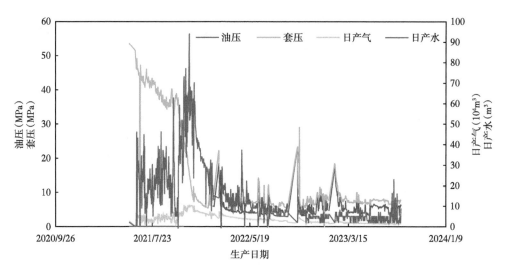

图 9-61　Wei211 井生产曲线

通过页岩气气井生产数据拟合方法，确定气井产气能力与可采储量。利用 Wei211 井生产过程中的井底流压测试数据，使用 Wei211 井产气量、产水量等生产数据作为已知参数，以不同时期的 Wei211 井实测井底流压为拟合目标，通过调整新模型参数，使得预测气井井底流压与实测值一致，由此确定气井产能与可采储量，Wei211 井井底流压拟合如图 9-62 所示。

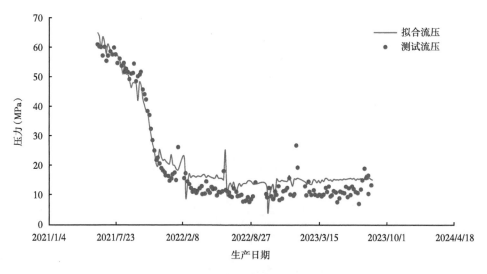

图 9-62　Wei211 井井底流压拟合

基于页岩气气井生产数据拟合方法，求得 Wei211 井产能系数 A 值、产能系数 B 值及产能系数 C 值，分别为 119.95、0.99 与 0.000013，由此可确定 Wei211 井 IPR 曲线如图 9-63 所示。

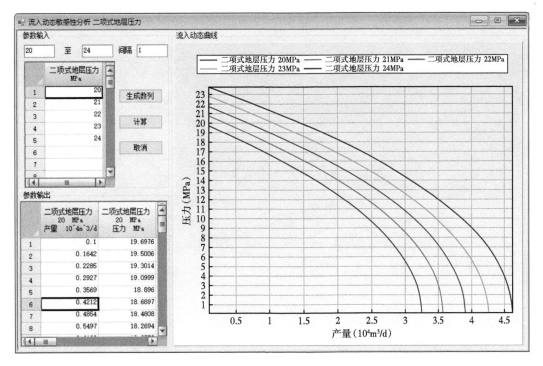

图 9-63 Wei211 井 IPR 曲线

基于页岩气井生产数据拟合方法，求得 Wei211 井裂缝系统与基质系统可采储量分别为 $3170.48×10^4m^3$ 与 $4908.39×10^4m^3$，Wei211 井总可采储量为 $0.8079×10^8m^3$。

2. 气井压裂液返排规律核实

根据页岩气井压裂液返排规律研究结果，Wei211 井为第三类气井，由相渗函数法进行拟合，其相渗系数 A、B 及储层初始水量分别为 1.6006，-1.727，39222.8，所得结果如图 9-64 和图 9-65 所示。

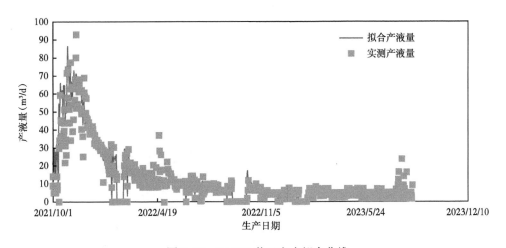

图 9-64 Wei211 井日产水拟合曲线

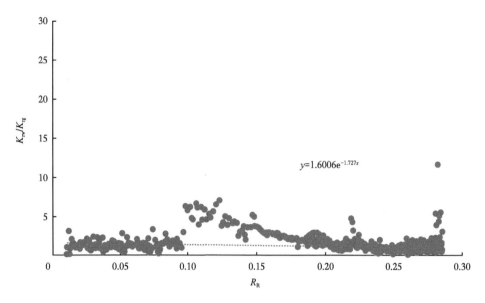

图 9-65　Wei211 井返排曲线

3. 气井生产情况预测

在图上画出 IPR 曲线、TPR 曲线、临界携液曲线（图 9-66），综合节点法和临界携液曲线，确定 Wei211 井的合理配产范围。

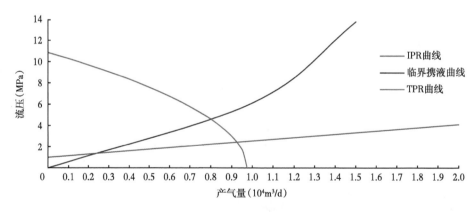

图 9-66　Wei211 井合理配产范围

在气井产气、产水规律核实的基础上，利用页岩气井产能公式与储层物质平衡方法，以合理产量 $1.5×10^4m^3/d$、$2×10^4m^3/d$、$2.5×10^4m^3/d$ 进行配产，分别预测油管生产和放喷生产下气井产气、产水变化，得到 Wei211 井的生产情况，如图 9-67 至图 9-70 所示。

由图 9-67 至图 9-69 可知，气井以 $1.5×10^4m^3/d$、$2×10^4m^3/d$、$2.5×10^4m^3/d$ 进行配产，其稳产时间分别为 248d、127d、67d，气井累计产气 $0.34×10^8m^3$、$0.33×10^8m^3$、$0.32×10^8m^3$。因此 $1.5×10^4m^3/d$ 配产情况下，气井累计产气最大，采出程度最高。放喷生产气井累计产气 $0.31×10^8m^3$。

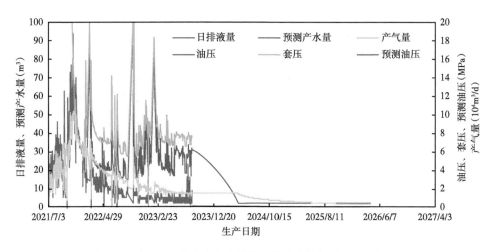

图 9-67　Wei211 井定产生产预测曲线（定产气量 $1.5 \times 10^4 m^3/d$）

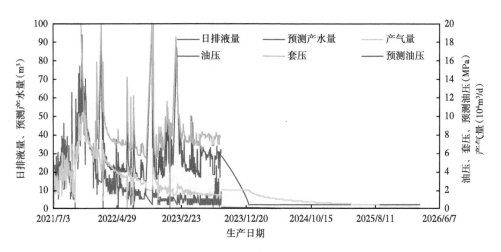

图 9-68　Wei211 井定产生产预测曲线（定产气量 $2 \times 10^4 m^3/d$）

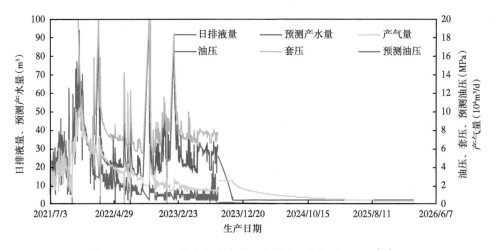

图 9-69　Wei211 井定产生产预测曲线（定产气量 $2.5 \times 10^4 m^3/d$）

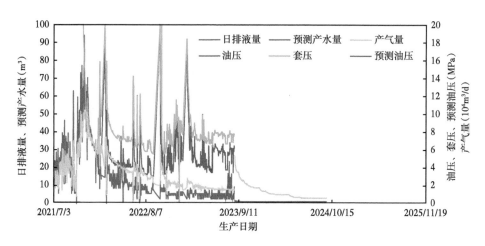

图 9-70　Wei211 井放喷生产预测曲线

第四节　第四类气井

对于返排系数 $A > 8$、$B > -10$ 的页岩气井，归为第四类井，包括 Lu209 井、Zi201H2-5 井、Wei214 井、Lu203H8-4 井、Zi214 井、Z201 井 等 31 口井。对 Lu209 井、Zi201H2-5 井、Wei214 井进行了分析。

一、Lu209 井

Lu209 井位于重庆市荣昌区双河街道金佛社区 10 组，构造位置为古佛山构造北翼。该井水平段长度 2030.00m，完钻斜深 6400.00m，垂深 3729.00m，完钻层位为龙马溪组，采用套管完井。

1. 气井产气能力与可采储量预测

Lu209 井于 2021 年 9 月 4 日开始生产，截至 2023 年 8 月 24 日，该井累计产气 $0.39 \times 10^8 \mathrm{m}^3$，累计产水 21191.2$\mathrm{m}^3$，入井总液量为 54491.9$\mathrm{m}^3$，根据页岩气井压裂液返排规律研究结果，Lu209 井为第四类气井。其生产曲线如图 9-71 所示。

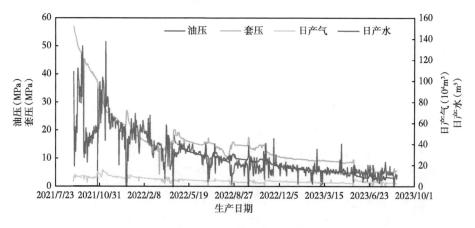

图 9-71　Lu209 井生产曲线

通过页岩气气井生产数据拟合方法，确定气井产气能力与可采储量。利用 Lu209 井生产过程中的井底流压测试数据，使用 Lu209 井产气量、产水量等生产数据作为已知参数，以不同时期的 Lu209 井实测井底流压为拟合目标，通过调整新模型参数，使得预测气井井底流压与实测值一致，由此确定气井产能与可采储量，Lu209 井井底流压拟合如图 9-72 所示。

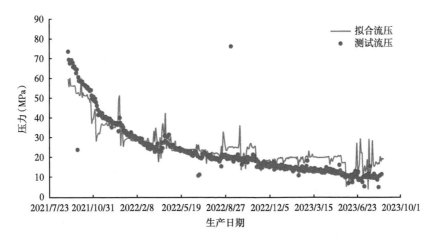

图 9-72　Lu209 井井底流压拟合

基于页岩气气井生产数据拟合方法，求得 Lu209 井产能系数 A 值、产能系数 B 值及产能系数 C 值，分别为 176.88、0.02 与 0.00001580，由此可确定 Lu209 井 IPR 曲线如图 9-73 所示。

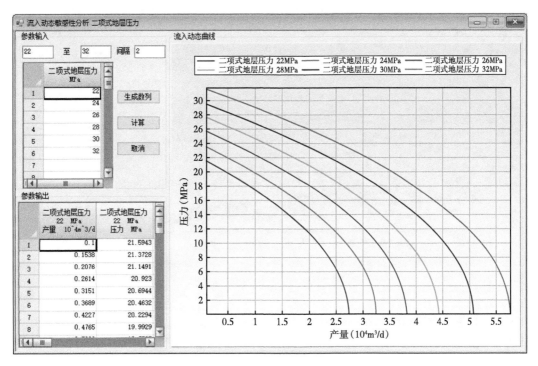

图 9-73　Lu209 井 IPR 曲线

基于页岩气气井生产数据拟合方法，求得 Lu209 井裂缝系统与基质系统可采储量分别为 $3787.06×10^4m^3$ 与 $6841.90×10^4m^3$，Lu209 井总可采储量为 $1.063×10^8m^3$。

2. 气井压裂液返排规律核实

根据页岩气井压裂液返排规律研究结果，Lu209 井为第四类气井，由相渗函数法进行拟合，其相渗系数 A、B 及储层初始水量分别为 14.877，−5.897，54491.9。所得结果如图 9-74 和图 9-75 所示。

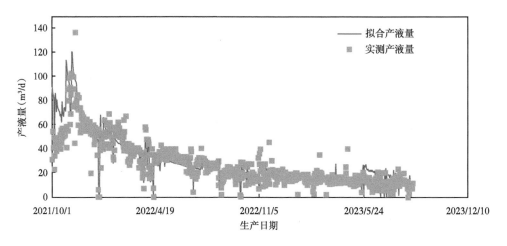

图 9-74　Lu209 井日产水拟合曲线

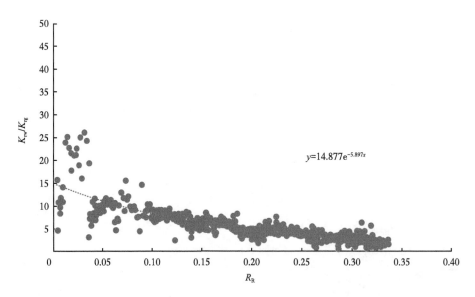

图 9-75　Lu209 井返排曲线

3. 气井生产情况预测

在图上画出 IPR 曲线、TPR 曲线、临界携液曲线（图 9-76），综合节点法和临界携液曲线，确定 Lu209 井的合理配产范围。

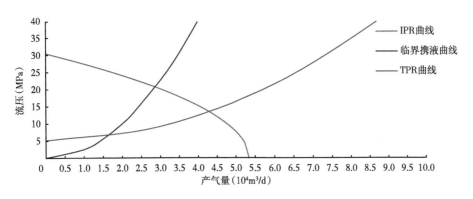

图 9-76　Lu209 井合理配产范围

在气井产气、产水规律核实的基础上，利用页岩气井产能公式与储层物质平衡方法，以合理产量 $2.5\times10^4\text{m}^3/\text{d}$、$3\times10^4\text{m}^3/\text{d}$、$3.5\times10^4\text{m}^3/\text{d}$ 进行配产，分别预测套管生产和油管生产下气井产气、产水变化，得到 Lu209 井的生产情况，如图 9-77 至图 9-80 所示。

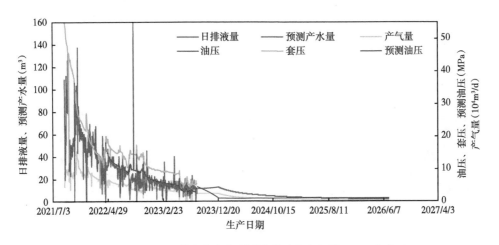

图 9-77　Lu209 井定产生产预测曲线（定产气量 $2.5\times10^4\text{m}^3/\text{d}$）

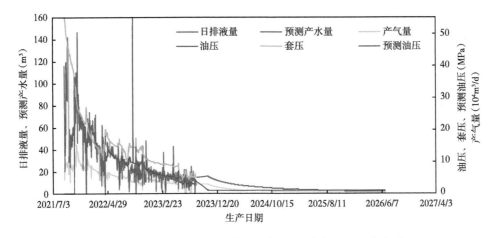

图 9-78　Lu209 井定产生产预测曲线（定产气量 $3\times10^4\text{m}^3/\text{d}$）

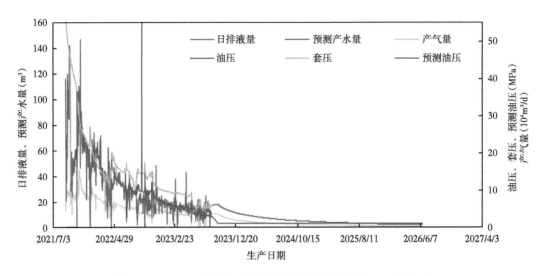

图 9-79　Lu209 井定产生产预测曲线（定产气量 3.5×10⁴m³/d）

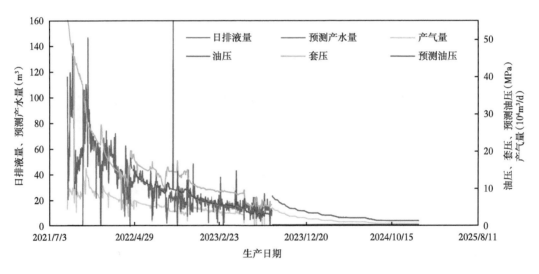

图 9-80　Lu209 井放喷生产预测曲线

由图 9-77 至图 9-79 可知，气井以 2.5×10⁴m³/d、3×10⁴m³/d、3.5×10⁴m³/d 进行配产，其稳产时间分别为 119d、65d、32d，气井累计产气 0.50×10⁸m³、0.49×10⁸m³、0.48×10⁸m³。因此 2.5×10⁴m³/d 配产情况下，气井累计产气最大，采出程度最高。放喷生产气井累计产气 0.46×10⁸m³。

二、Zi201H2-5 井

Zi201H2-5 井位于四川省自贡市荣县望佳镇麦子山村 5 组，构造位置为威远中奥陶统顶构造西南翼。该井水平段长度 1800.00m，完钻斜深 5375.00m，垂深 3384.45m，完钻层位为龙马溪组，采用套管完井。

1. 气井产气能力与可采储量预测

Zi201H2-5 井于 2020 年 7 月 19 日开始生产，截至 2023 年 8 月 24 日，该井累计产气 $0.50 \times 10^8 m^3$，累计产水 $43946.65 m^3$，入井总液量为 $53622.41 m^3$，根据页岩气井压裂液返排规律研究结果，Zi201H2-5 井为第四类气井。其生产曲线如图 9-81 所示。

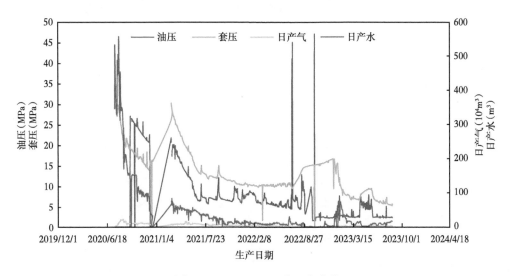

图 9-81　Zi201H2-5 井生产曲线

通过页岩气气井生产数据拟合方法，确定气井产气能力与可采储量。利用 Zi201H2-5 井生产过程中的井底流压测试数据，使用 Zi201H2-5 井产气量、产水量等生产数据作为已知参数，以不同时期的 Zi201H2-5 井实测井底流压为拟合目标，通过调整新模型参数，使得预测气井井底流压与实测值一致，由此确定气井产能与可采储量，Zi201H2-5 井井底流压拟合如图 9-82 所示。

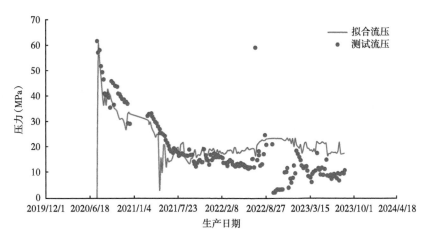

图 9-82　Zi201H2-5 井井底流压拟合

基于页岩气气井生产数据拟合方法，求得 Zi201H2-5 井产能系数 A 值、产能系数 B 值及产能系数 C 值，分别为 82.44、0.10 与 0.00000700，由此可确定 Zi201H2-5 井 IPR 曲线如图 9-83 所示。

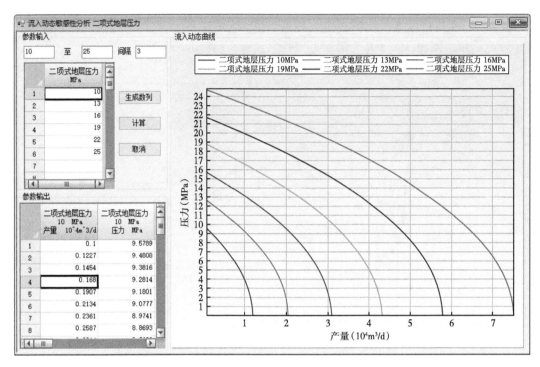

图 9-83　Zi201H2-5 井 IPR 曲线

基于页岩气气井生产数据拟合方法，求得 Zi201H2-5 井裂缝系统与基质系统可采储量分别为 $1572.93×10^4m^3$ 与 $7447.08×10^4m^3$，Zi201H2-5 井总可采储量为 $0.902×10^8m^3$。

2. 气井压裂液返排规律核实

根据页岩气井压裂液返排规律研究结果，Zi201H2-5 井为第四类气井，由相渗函数法进行拟合，其相渗系数 A、B 及储层初始水量分别为 233.03，-7.778，28105.45。所得结果如图 9-84 和图 9-85 所示。

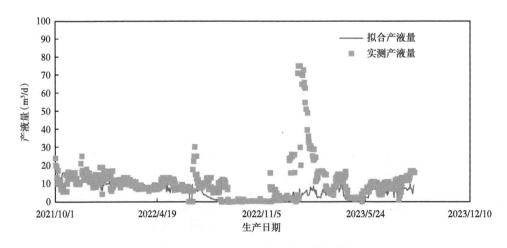

图 9-84　Zi201H2-5 井日产水拟合曲线

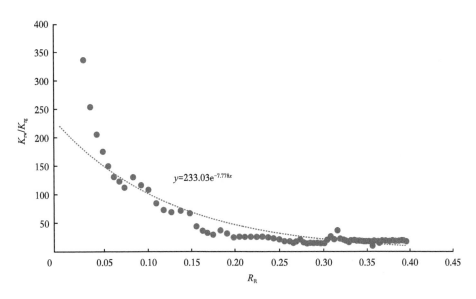

图 9-85　Zi201H2-5 井返排曲线

3. 气井生产情况预测

在图上画出 IPR 曲线、TPR 曲线、临界携液曲线（图 9-86），综合节点法和临界携液曲线，确定 Zi201H2-5 井的合理配产范围。

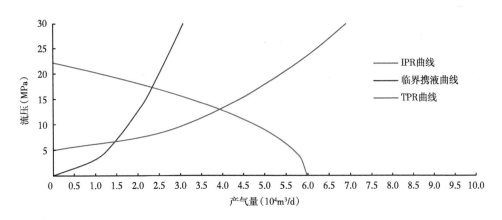

图 9-86　Zi201H2-5 井合理配产范围

在气井产气、产水规律核实的基础上，利用页岩气井产能公式与储层物质平衡方法，以合理产量 $2 \times 10^4 m^3/d$、$2.5 \times 10^4 m^3/d$、$3 \times 10^4 m^3/d$ 进行配产，分别预测油管生产和放喷生产下气井产气、产水变化，得到 Zi201H2-5 井的生产情况，如图 9-87 至图 9-90 所示。

由图 9-87 至图 9-89 可知，气井以 $2 \times 10^4 m^3/d$、$2.5 \times 10^4 m^3/d$、$3 \times 10^4 m^3/d$ 进行配产，其稳产时间分别为 69d、36d、18d，气井累计产气 $0.54 \times 10^8 m^3$、$0.53 \times 10^8 m^3$、$0.52 \times 10^8 m^3$。因此 $2 \times 10^4 m^3/d$ 配产情况下，气井累计产气最大，采出程度最高。放喷生产气井累计产气 $0.51 \times 10^8 m^3$。

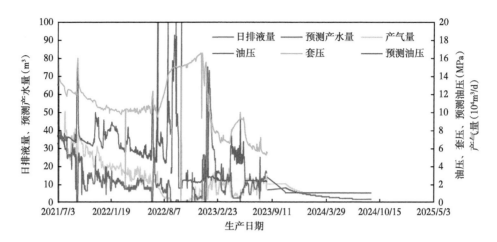

图 9-87　Zi201H2-5 井定产生产预测曲线（定产气量 2×10⁴m³/d）

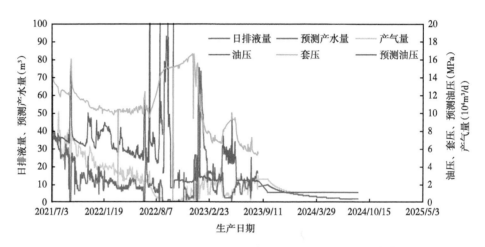

图 9-88　Zi201H2-5 井定产生产预测曲线（定产气量 2.5×10⁴m³/d）

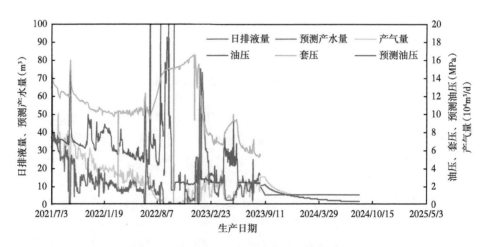

图 9-89　Zi201H2-5 井定产生产预测曲线（定产气量 3×10⁴m³/d）

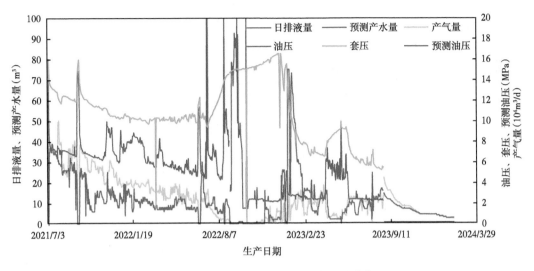

图 9-90　Zi201H2-5 井放喷生产预测曲线

三、Wei214 井

Wei214 井位于四川省内江市威远县婧合镇华场村 12 组，构造位置为新店向斜东北倾没端东边平缓带。该井水平段长度 1500.00m，完钻斜深 5390.00m，垂深 3581.77m，完钻层位为龙马溪组，采用套管完井。

1. 气井产气能力与可采储量预测

Wei214 井于 2020 年 8 月 20 日开始生产，截至 2023 年 8 月 24 日，该井累计产气 0.38×10^{8}m^3，累计产水 21299.8m^3，入井总液量为 47096.4 m^3，根据页岩气井压裂液返排规律研究结果，Wei214 井为第四类气井。其生产曲线如图 9-91 所示。

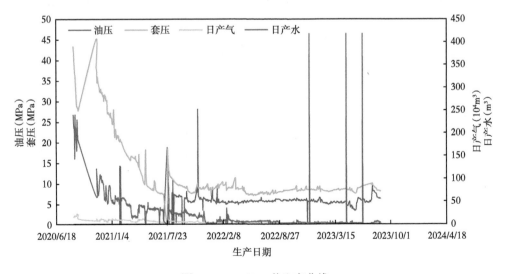

图 9-91　Wei214 井生产曲线

通过页岩气气井生产数据拟合方法，确定气井产气能力与可采储量。利用 Wei214 井生产过程中的井底流压测试数据，使用 Wei214 井产气量、产水量等生产数据作为已知参数，以不同时期的 Wei214 井实测井底流压为拟合目标，通过调整新模型参数，使得预测气井井底流压与实测值一致，由此确定气井产能与可采储量，Wei214 井井底流压拟合如图 9-92 所示。

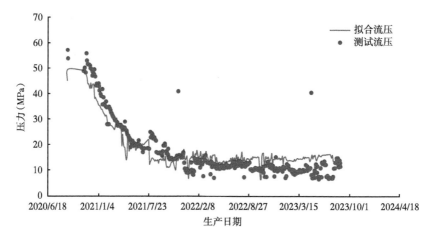

图 9-92　Wei214 井井底流压拟合

基于页岩气气井生产数据拟合方法，求得 Wei214 井产能系数 A 值、产能系数 B 值及产能系数 C 值，分别为 56.32、0.78 与 0.0000084，由此可确定 Wei214 井 IPR 曲线如图 9-93 所示。

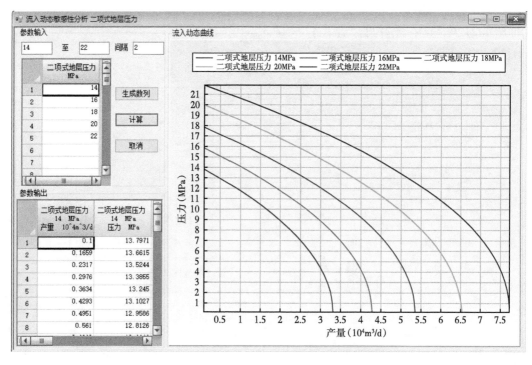

图 9-93　Wei214 井 IPR 曲线

基于页岩气气井生产数据拟合方法，求得 Wei214 井裂缝系统与基质系统可采储量分别为 $1616.57 \times 10^4 m^3$ 与 $3376.45 \times 10^4 m^3$，Wei214 井总可采储量为 $0.4993 \times 10^8 m^3$。

2. 气井压裂液返排规律核实

根据页岩气井压裂液返排规律研究结果，Wei214 井为第四类气井，由相渗函数法进行拟合，其相渗系数 A、B 及储层初始水量分别为 35.616，-8.869，47096.4。所得结果如图 9-94 和图 9-95 所示。

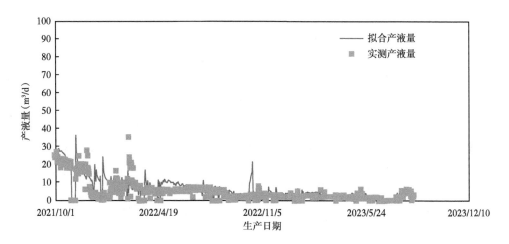

图 9-94　Wei214 井日产水拟合曲线

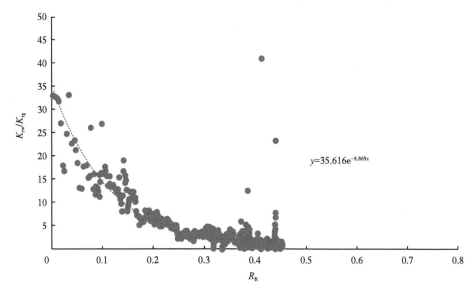

图 9-95　Wei214 井返排曲线

3. 气井生产情况预测

在图上画出 IPR 曲线、TPR 曲线、临界携液曲线（图 9-96），综合节点法和临界携液曲线，确定 Wei214 井的合理配产范围。

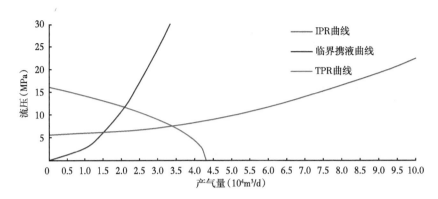

图 9-96　Wei214 井合理配产范围

在气井产气、产水规律核实的基础上，利用页岩气井产能公式与储层物质平衡方法，以合理产量 $2×10^4m^3/d$、$2.5×10^4m^3/d$、$3×10^4m^3/d$ 进行配产，分别预测油管生产和放喷生产下气井产气、产水变化，得到 Wei214 井的生产情况，如图 9-97 至图 9-100 所示。

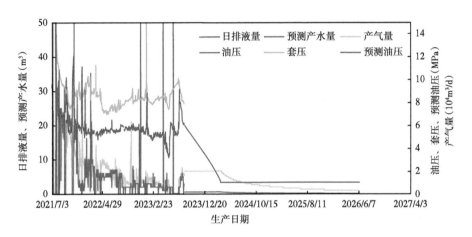

图 9-97　Wei214 井定产生产预测曲线（定产气量 $2×10^4m^3/d$）

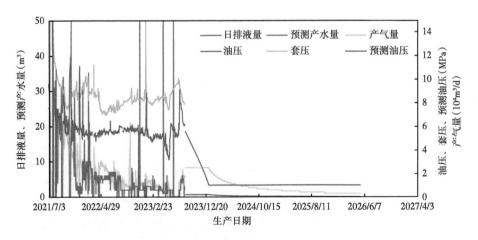

图 9-98　Wei214 井定产生产预测曲线（定产气量 $2.5×10^4m^3/d$）

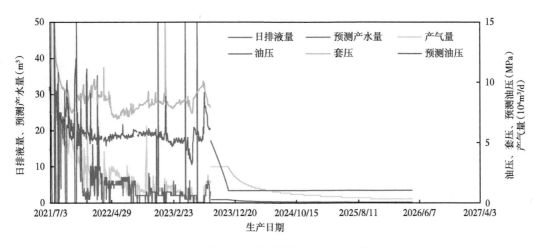

图 9-99 Wei214 井定产生产预测曲线（定产气量 $3×10^4m^3/d$）

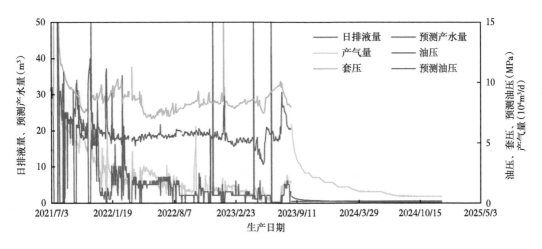

图 9-100 Wei214 井放喷生产预测曲线

由图 9-97 至图 9-99 可知，气井以 $2×10^4m^3/d$、$2.5×10^4m^3/d$、$3×10^4m^3/d$ 进行配产，其稳产时间分别为 213d、133d、87d，气井累计产气 $0.48×10^8m^3$、$0.47×10^8m^3$、$0.47×10^8m^3$。因此 $2×10^4m^3/d$ 配产情况下，气井累计产气最大，采出程度最高。放喷生产气井累计产气 $0.44×10^8m^3$。

参 考 文 献

[1] Poettmann F H, Carpenter P G. The Multiphase Flow of Gas, Oil and Water Through Vertical Flow Strings with Application to the Design of Gas-Lift Installations[J].Drilling and Production Practice, API, 1952, 14, 257-317.

[2] Baxendell P B, Thomas R. The Calculation of Pressure Gradients In High-Rate Flowing Wells[J]. Journal of Petroleum Technology, 1961, 13 (10): 1023-1028. SPE 2.

[3] Tek M R. Multiphase Flow of Water, Oil and Nature Gas Through Vertical Flow Strings[J]. Journal of Petroleum Technology, 1961, 13 (10): 1029-1036. SPE 1657.

[4] Fancher G H. Prediction of Pressure Gradients for Multiphase Flow in Tubing[J]. SPE Journal, 1963, 3 (1): 59-69.

[5] 陈家琅. 油、气、水混合物垂直管流的压降计算——阻力系数法 [J]. 石油勘探与开发, 1979 (6): 57-64.

[6] Lockhart R W, Martinelli R C. Proposed Correlation of Data for Isothermal Two-Phase Two-Component Flow in Pipes[J]. Chemical Engineering Progress, 1949, 45 (1): 39-48.

[7] Duns H Jr, Ros N C J. Vertical Flow of Gas and Liquid Mixtures in Wells[C]. Sixth World Petroleum Congress, Frankfurt am Main, Germany, 1963. SPE 10132.

[8] Hagedorn A R, Brown K E. Experimental Study of Pressure Gradients Occurring During Continuous Two-Phase Flow in Small Diameter Vertical Conduits[J]. Journal of Petroleum Technology, 1965, 17 (4): 475-484. SPE 940.

[9] Orkiszewski J. Predicting Two-Phase Pressure Drops in Vertical Pipe[J]. Journal of Petroleum Technology, 1967, 19 (6): 829-838. SPE 1546.

[10] Aziz K, Govier G W, Fogarasi M. Pressure Drop in Wells Producing Oil and Gas[J]. Journal of Canadian Petroleum Technology, 1972, 11: 38-47.

[11] Govier G W, Aziz K. The Flow of Complex Mixtures in Pipes[M]. New York : Van Nostrand Reinhold, 1972.

[12] Beggs H D, Brill J P. A study of Two Phase Flow in Inclined Pipes[J]. Journal of Petroleum Technology, 1973, 25 (5): 607-617. SPE 4007.

[13] Mukherjee H D, Brill J P. Liquid Holdup Correlations for Inclined Two-Phase Flow[J]. Journal of Petroleum Technology, 1983, 35 (5): 1003-1008. SPE 10923.

[14] 韩洪升, 王忠信, 杨树人. 圆管中气液两相流动空隙率数学模型 [J]. 大庆石油学院学报, 2002, 26 (4): 19-21.

[15] Gray H E. Vertical Flow Correlation in Gas Wells[S]. User's Manual for API 14B. SSCSV Sizing Computer Program, second edition, API Appendix B, 1978, 38-41.

[16] Taitel Y, et al. Modeling Flow Pattern Transitions for Steady Upward Gas-Liquid Flow in Vertical Tubes[J]. AIChE Journal, 1980.

[17] Asheim H. MONA, An Accurate Two-Phase Well Flow Model Based on Phase Slippage[J]. SPE Production Engineering, 1986, 1 (3): 221-230. SPE 12989.

[18] Peffer J W, Miller M A, Hill A D. An Improved Method for Calculating Bottomhole Pressures in Flowing Gas Wells With Liquid Present[J]. SPE Production Engineering. 1988, 3 (4): 643-655. SPE 15655.

[19] Cullender M H, Smith R V. Practical Solution of Gas-Flow Equations for Wells and Pipelines with Large Temperature Gradients[J]. Trans, AIME, 1956, 207: 281-287. SPE 696.

[20] Oden R D, Jennings J W. Modification of the Cullender and Smith Equation for More Accurate Bottomhole Pressure Calculations in Gas Wells[C]. Permian Basin Oil and Gas Recovery Conference, Midland, Texas, 1988. SPE 17306.

[21] Rendeiro C M, Kelso C M. An Investigation to Improve the Accuracy of Calculating Bottomhole Pressures in Flowing Gas Wells Producing Liquids[C]. Permin Basin Oil and Gas Recovery Conference, Midland, Texas, 10-11 March, 1988. SPE 17307.

[22] 黄炜, 杨蔚. 高气水比气井井筒压力的计算方法 [J]. 天然气工业, 2002, 22（4）: 64-66.

[23] 张奇斌, 刘春妍, 周淑华. 含水气井油管流压梯度计算 [J]. 天然气工业, 2007, 27（3）: 83-85.

[24] Acikgoz M, et al. An experiment study of three-phase flow regimes[J]. Int. J. Multiphase Flow, 1992（3）.

[25] 廖锐全, 汪崎生, 张柏年. 井筒多相管流压力梯度计算新方法 [J]. 江汉石油学报, 1998, 20（1）: 59-62.

[26] 李颖川, 朱家富, 秦勇. 排水采气井油管和环空两相流压降优化模型 [J]. 石油学报 1999, 20（2）: 87-91.

[27] Hewitt G F. Three-phase gas-liquid-liquid flows in the steady and transient states[J]. Nuclear Engineering & Design, 2005, 235（10-12）: 1303-1316.

[28] 李文升, 李乃良, 郭烈锦, 等. S 型柔性立管内空气 - 水两相流流型特征的实验研究 [J]. 西安交通大学学报, 2011, 45（7）: 100-105.

[29] 罗程程, 吴宁, 王华, 等. 水平气井气液两相管流压降预测 [J]. 深圳大学学报（理工版）, 2022, 39（5）: 567-575.

[30] Reinicke K M, Remer R J, Hueni G. Comparison of Measured and Predicted Pressure Drops in Tubing for High-Water-Cut Gas Wells[J]. SPE Production Engineering, 1987, 2（3）: 165-177. SPE 13279.

[31] Hasan A R, Kabir C S. A Study of Multiphase Flow Behavior in Vertical Wells[J]. SPE Production Engineering, 1988, 3（2）: 263-272.

[32] Ansari A M, Sylvester N D, Sarica C, et al. A Comprehensive Mechanistic Model for Upward Two-Phase Flow in Wellbores[J]. SPE Production & Facilities, 1994, 9（2）: 143-151. SPE 20630.

[33] Taitel Y, Barnea D, Dukler A E. Modelling Flow Fattern Transitions for Stead Upward Gas- Liquid Flow in Vertical Tubes[J]. AIChE Journal, 1980, 26（3）: 345-354.

[34] Chokshi R N, Schmidt Z, Doty D R. Experimental Study and the Development of a Mechanistic Model for Two-Phase Flow Through Vertical Tubing[C]. SPE Western Regional Meeting, Anchorage, Alaska, 22-24 May, 1996. SPE 35676.

[35] Gomez L E, Shoham O, Schmidl Z, et al. Unified Mechanistic Model for Steady-State Two-Phase Flow: Horizontal to Vertical Upward Flow[J]. SPE Journal, 2000, 5（3）: 339-350.

[36] Kaya A S, Sarica C, Brill J P. Mechanistic Modeling of Two-Phase Flow in Deviated Wells[J]. SPE Production & Facilities, 2001, 16（3）: 156-165. SPE 72998.

[37] Hasan A R, Kabir C S, Sayarpour M. Simplified Two-Phase Flow Modeling in Wellbores[J]. Journal of Petroleum Science and Engineering, 2010, 72（1）: 42-49.

[38] 刘晓娟, 元刚, 彭缓缓, 等. 倾斜井筒气液两相流的模型化方法 [J]. 石油钻采工艺, 2009, 31（3）: 52-57.

[39] 李凯, 史宝成, 廖锐全, 等. 基于脱离速度的垂直气液两相管流流型识别 [J]. 机械设计, 2020, 37（10）: 53-58.

[40] 王武杰, 崔国民, 魏耀奇, 等. 倾斜气井临界携液流速预测新模型 [J]. 石油勘探与开发, 2021, 48(5): 1053-1060.

[41] 刘永辉, 江劲宏, 罗程程, 等. 页岩气水平井井筒压降计算新模型 [J]. 钻采工艺, 2023, 46（6）: 72-78.

[42] Persad S. Evaluation of Multiphase-Flow Correlations for Gas Wells Located Off the Trinidad Southeast Coast[C]. SPE Latin American and Caribbean Petroleum Engineering Conference, Rio de Janeiro, Brazil, 20-23 June, 2005. SPE 93544.

[43] Alves L M, Caotano E F, Minaml K, et al. Modeling Annular Flow Behavior for Gas Wells[J]. SPE Production Engineering, 1991, 6（4）: 435-440. SPE 20384.

[44] Hasan A R, Kabir C S. A Simple Model for Annular Two-Phase Flow in Wellbores[J]. SPE Production & Operations, 2007, 22（2）: 168-175. SPE 95523.

[45] Garber J D, Varanasi N R. Modeling Non-Annular Flow in Gas Condensate Wells[C]. Corrosion97, New Orleans, Louisiana, 9-14 March1997.

[46] Dlkken B J. Pressure drop in horizontal wells and its effect on production performance[J]. Journal of Petroleum Technology, 1990, 42（11）: 1426-1433.

[47] Landman M J, Goldthorpe W H. Otimization of Perforation Distribution for Horizontal Wells[J]. Journal of Petroleum Technology, 1990, 17（11）: 924-931.

[48] Asheim H, Kolnes J, Oudeman P. A Flow Resistance Correlation for Completed Wellbore[J]. Journal of Petroleum Science and Engineering, 1992, 8（2）: 97-104.

[49] Ozkan E, Sarica C, Haciislamoglu M, et al. Effect of conductivity on horizontal well pressure behavior[J]. SPE Advanced Technology Series, 1995, 3（1）: 85-94.

[50] Sarica C, Haciislamoglu M, Raghavan R, et al. Influence of wellbore hydraulics on pressure behavior and productivity of horizontal gas wells[C]. Paper SPE 28486 presented in SPE 69th Annual Technical Conference and Exhibition held in New Orleans, Louisiana, USA, 25-28 September, 1994.

[51] 胥元刚. 水平井筒摩擦压降对产能的影响[J]. 油气田地面工程 1995, 14（4）: 9-10.

[52] Novy R A, Mobll R, Corp D. Pressure drops in horizontal wells: when can they be ignored?[J]. SPE Reservoir Engineering, 1995, 10（1）: 29-35.

[53] Penmatcha V R, Arbabi S, Aziz K. Effects of pressure drop in horizontal wells and optimum well length[J]. SPE Journal, 1999, 4（3）: 215-223.

[54] Ouyang L B, Arbabi S, Aziz K. General wellbore flow model for horizontal, vertical and slanted well completions[J]. SPE Journal, 1998, 3（2）: 124-133.

[55] 周生田, 张琪. 水平井筒两相流压力计算模型[J]. 石油大学学报（自然科学版）, 1998, 22（4）: 43-44.

[56] Penmatcha V R, Aziz K. Effects of Pressure Drop in Horizontal Well and Optimum Well Length[J]. SPE 57193, 1999.

[57] Penmatcha V R, Aziz K. Comprehensive reservoir/wellbore model for horizontal wells[J]. SPE Journal, 1999, 4（3）: 224-234.

[58] Chen W, Zhu D, Hill A D. A Comprehensive model of multilateral well deliverability[J]. Journal of Petroleum Technology, 2000, 52（11）: 72.

[59] 刘想平, 张兆顺, 刘翔鹗, 等. 水平井筒内与渗流耦合的流动降计算模型[J]. 西南石油学院学报, 2000, 22（2）: 36-39.

[60] 于乐香, 周生田. 水平井筒流体变质量流动压力梯度模型[J]. 中国石油大学学报（自然科学版）, 2001, 25（4）: 47-48.

[61] Yildiz T. Inflow performance relationship for perforated horizontal wells[J]. Petroleum Exploration & Development, 1999, 9（3）: 265-279.

[62] Vicente, Sarica R, Ertekin C. An investigation of horizontal well completions using two-phase model coupling reservoir and horizontal well flow dynamics[C]. Paper SPF 71601 presented at the SPE Annual Technical Conference & Exhibition held in New Orleans, Louisiana, USA, 12-16 March, 2001.

[63] 段永刚，陈伟，黄诚，等．井筒与油藏合条件下的水平井非稳态产能预测（Ⅰ）——数学模型［J］．西南石油学院学报，2004，26（1）：23-25.

[64] 陈伟，段永刚，黄诚，等．井筒与油藏耦合条件下的水平井非稳态产能预测（Ⅲ）——实例分析［J］．西南石油学院学报，2004，26（1）：29-30.

[65] 陈伟，段永刚，张健，等．基于井筒与油藏耦合机制的水平井试井设计［J］．大庆石油地质与开发，2005，24（3）：69-71.

[66] Guo B，Ling K，Ghalambor A，et al. A rigorous composite-IPR model for multilateral wells［C］．Paper SPE 23645 presented at SPE Annual Technical Conference & Exhibition held in New Orleans，Louisiana，USA，3-6 July，2006.

[67] 李海涛，王永清．复杂结构井射孔完井设计理论与应用［M］．长沙：湖南科学技术出版社，2009.

[68] 周生田，郭希秀．水平井变质量流与油藏渗流的耦合研究［J］．石油钻探技术，2009，37（2）：85-88.

[69] 李晓平，李允．水平气井井筒压降及产量变化规律研究［J］．西南石油大学学报（自然科学版），2009，31（3）：154-157.

[70] Fayal Z F，Lakhdar B，Zoubir N. Horizontal well performance flow simulation CFD-Application［C］．Paper SPE 36524 presented ta SPE Production & Operations Conference & Exhibition held in New Orleans，Louisiana，USA，3-6 June，2010.

[71] Yuan H，Zhou D. A new model for predicting inflow performance of fractured horizontal wells［C］．Paper SPE 133610 presented at SPE Western Regional Meeting held in Dallas，Texas，USA，12-15 June，2010.

[72] Tabatabaei M，Ghalambor A. A new method to predict performance of horizontal and multilateral wells［J］．SPE Production & Operations，2011，26（1）：75-87.

[73] 匡铁．水平井井筒与气藏流动耦合数值模拟研究［J］．科学技术与工程，2012，12（18）：4515-4517.

[74] 袁淋，李晓平，袁港．低渗气藏产水水平井井筒压降规律研究［J］．水动力学研究与进展（A辑），2015，30（1）：112-118.

[75] 梅海燕，唐勇，贾生龙，等．低渗气藏压裂水平井渗流与井筒压降耦合模型［J］．断块油气田，2018，25（6）：771-775.

[76] 李丽，汪雄雄，刘双全，等．水平井筒气水流动规律及影响因素［J］．石油学报，2019，40（10）：1244-1254.

[77] 周伟，辛翠平，许阳，等．巨厚气藏气井井筒压力计算模型及应用——以普光气田为例［J］．科学技术与工程，2023，23（9）：3705-3711.

[78] Keuning A. The Onset of Liquid Loading in Inclined Tubes［D］．Eindhoven：Eindhoven University of Technology，1998.

[79] Olufemi A B. Resolving Discreancies in Predicting Critical Rates in Low Pressure Striprrer Gas Wells［D］．Texas：Texas Tech University，2005.

[80] Awolusi O. Resolving discrepancies in predicting critical rates in low pressure stripper gas wells［D］．Texas：Texas Tech University，2006.

[81] 魏纳，李颖川，李悦钦，等．气井积液可视化实验［J］．钻采工艺，2007，30（3）：43-45.

[82] 魏纳，李颖川，孟英峰，等．气井零液流量可视化试验研究［J］．石油矿场机械，2009，38（4）：48-51.

[83] Westende J M C. Droplets in Annular-Disperserd Gas-Liquid Pipe-Flows［D］．Delft：TU Delf，2008.

[84] 肖高棉，李颖川．水平井段连续携液理论与试验研究［J］．石油天然气学报，2010，32（1）：324-327.

[85] Wu Z B，Li Y C，Li Z N，et al A mechanistic study on minimum flow rate for the continuous removal of liquids from gas wells［J］．Petroleum Science and Technology，2011，30（2）：122-132.

[86] 周德胜，张伟鹏，李建勋，等．气井携液多液滴模型研究［J］．水动力学研究与进展（A辑），2014，29（5）：572-579.

[87] 王其伟. 多级孔板提高井筒气体携液能力实验研究 [J]. 西南石油大学学报（自然科学版），2020，42（1）：78-83.

[88] 王贵生，张宇豪，王志彬，等. 泡沫排水采气井筒流动规律实验研究 [J]. 西南石油大学学报（自然科学版），2023，45（5）：107-118.

[89] 辛磊，陈天应，孟凡臣，等. 苏里格气田气井凝析油对泡排携液能力影响分析 [J]. 油气井测试，2023，32（5）：24-29.

[90] 于相东，石书强，李国良，等. 基于液膜反转的定向井临界携液模型研究 [J]. 油气藏评价与开发，2024，14（1）：151-158.

[91] Turner R G, Hubbard M G, Dukler A E. Analysis and prediction of minimum flow rate for the continuous removal of liquids from gas wells[J]. JPT, 1969, 21：75-82.

[92] Coleman S B, Clay H B, McCurdy D G, et al. A new look at predicting gas-well load-up[J]. JPT, 1991, 43：329-333.

[93] Li M, Li S L, Sun L T. New view on continuous-removal liquids from gas wells[C]SPE 75455 presented at the 2001 SPE Permian Basin Oil and Gas Recovery Conference held in Midland, Texas, USA, 15-16 May.

[94] Lescarboura J A. Handheld calculator program finds minimum gas flow for continuous liquids removal[J]. Oil & Gas Journal（United States），1984，82（16）：68-70.

[95] Nosseir M A, Darwich T A, Sayyouh M H. A New approach for accurate prediction of loading in gas wells under different flowing conditions [C]. SPE 37408 presented at the 1997 SPE Production Operations Symposium, Oklahoma City, Oklahoma, USA, 9-11March.

[96] 王毅忠，刘庆文. 计算气井最小携液临界流量的新方法 [J]. 大庆石油地质与开发，2007，26（6）：82-85.

[97] Zhou D, Yuan H. New model for gas well loading prediction[C]. SPE 120580 presented at 2009 SPE Proction and Operation Symposium held in Oklahoma City Oklahoma. USA，April4-8.

[98] 王志彬，李颖川. 气井连续携液机理 [J]. 石油学报，2012，33（4）：681-686.

[99] 熊钰，张淼淼，曹毅，等. 一种预测气井连续携液临界条件的通用模型 [J]. 水动力学研究与进展（A辑），2015，30（2）：215-222.

[100] 潘杰，王武杰，魏耀奇，等. 考虑液滴形状影响的气井临界携液流速计算模型 [J]. 天然气工业，2018，38（1）：67-73.

[101] 周朝，何祖清，付道明，等. 页岩气水平井全井筒临界携液流量模型 [J]. 石油钻采工艺，2021，43（6）：791-797.

[102] 黄全华，黄智程，杨亚涛，等. 高气液比水平井临界携液流量预测新模型 [J/OL]. 断块油气田，1-13[2024-07-15].

[103] Wallis G B. One dimensional two-phase flow. McGraw-Hill[M]. New York：McGraw-Hill Book Com., 1969.

[104] Owen D G An experimental and theoretical analysis of equilibrium annular flows[M]. Birmingham：University of Birmingham, England, 1986.

[105] Richter H J. Flooding in tubes and annuli[J]. Int. J. Multiphase Flow, 1981, 7：647-658.

[106] Pushkina O L. Sorokin Y L. Breakdown of liquid film motion in vertical tubes[J]. Heat Transfer Soviet Res., 1969, 1, 5.

[107] Richter H J, Lovel Z W. The effect of scale on two-phase countercurrent flow flooding in vertical tubes[R]. Final Report, 1977, NRC-02-79-102.

[108] Milne-Thomson L M. Theoretical Hydrodynamics[M]. London：The MacMillan Press, 1968.

[109] Hsieh D Y, Kelvin H. Stability and Two-phase Flows[J]. Acta Mathematica Scientia, 1989, 2：189-197.

[110] 肖高棉，李颖川，喻欣.气藏水平井连续携液理论与实验[J].西南石油大学学报（自然科学版），2010，32（3）：122-125.

[111] 陈德春，姚亚，韩昊，等.定向气井临界携液流量预测新模型[J].天然气工业，2016，36（6）：40-44.

[112] 李金潮，邓道明，沈伟伟，等.气井积液机理和临界气速预测新模型[J].石油学报，2020，41（10）：1266-1277.

[113] 张德政，王志彬，于志刚，等.高液气比气井临界携液流量计算方法[J].断块油气田，2022，29（3）：411-416.

[114] 周崇文，刘永辉，刘通，等.水平井排水采气工艺技术新进展[J].国外油田工程，2010，26（9）：49-52.

[115] 钟晓瑜，黄艳，张向阳，等.川渝排水采气工艺技术现状及发展方向[J].钻采工艺，2002，8（2）：99-100.

[116] 黄艳，余朝毅，钟晓瑜，等.国外排水采气工现状及发展趋势[J].钻采工艺，2005，28（4）：57-60.

[117] 贺会群.连续油管技术与装备发展综述[J].石油机械，2006，34（1）：1-6.

[118] 周际永，伊向艺，卢渊.国内外排水采气工艺综述[J].太原理工大学学报，2005，36（S）：44-45.

[119] 李颖川.球塞气举可视化物理模拟实验研究[J].天然气工业，2004，24（11）：103-105.

[120] 张华礼，马辉运，段方华，等.气体加速泵排水采气工艺技术应用与展望[J].钻采工艺，2003，26（S）：100-102.

[121] 黄艳，呼玉川，佘朝毅，等.球塞气举排水采气工艺技术研究与应用[J].钻采工艺，2006，29（4）：61-63.

[122] 冯小红，白璐，夏民利，等.螺杆泵排水采气工艺技术探索[J].钻采工艺，2006，29（5）：64-66.

[123] 户贵华，程戈奇，童广岩，等.气井抽汲排液采气工艺的研究与应用[J].石矿场机械，2006，35（6）：102-103.

[124] 耿新中，赵先进，郭海霞，等.积液停产气井泡沫排液诱喷复产工艺[J].钻采工艺，2004，27（1）：58-60.

[125] Unknown. ESPs provide practice lift for horizontal wells[J]. The American Oil and Gas Reporter, 1990（6）.

[126] 韩建斌.页岩气藏中孔裂隙特征及其作用[J].内蒙古石油化工，2011，37（2）：147-148.

[127] 陈振林，王华，何发岐，等.页岩气形成机理、赋存状态及研究评价方法：译文集[M].武汉：中国地质大学出版社，2011.

[128] 张金川，汪宗余，聂海宽，等.页岩气及其勘探研究意义[J].现代地质，2008，22（4）：640-646.

[129] 张雪芬，陆现彩，张林晔，等.页岩气的赋存形式研究及其石油地质意义[J].地球科学进展，2010，25（6）：597-604.

[130] Curtis J B. Fractured shale-gas systems[J]. AAPG Bulletin, 2002, 86（11）: 1921-1938.

[131] Collins E O, Martin E C. Effect of porosity and permeability on the membrane efficiency of shales[C]. Paper SPE 116306 presented at the 2008 SPE Annual Technical Conference and Exhibition held in Denver, Colorado, USA, 21-24 September, 2008.

[132] 张志军，刘炯天，冯莉，等.基于 Langmuir 理论的平衡吸附量预测模型[J].东北大学学报（自然科学版），2011，32（5）：749-751.

[133] Ross D J. Characterizing the shale gas resource potential of Devonian Mississippian strata in the Western Canada sedimentary basin, Application of an integrated formation evaluation[J]. AAPG, 2008, 92（1）: 87-125.

[134] Javadpour F, Fisher D, Unsworth M. Nanoscale gas flow in shale gas sediments[J]. Journal of Canadian Petroleum Technology, 2007, 46（2）: 55-61.

[135] Kang S M, Fathi E. Carbon dioxide storage capacity of organic-rich shales[C]. Paper SPE 134583 presented at the SPE Annual Technical Conference and Exhibition held in Florence, Italy, 19-22September, 2010.

[136] Guo C H, Bai B J. Study on gas permeability in nano pores of shale gas reservoirs[C]. Paper SPE 167179 presented at the SPE Unconventional Resources Conference-Canada held in Calgary Alberta, Canada, 5-7 November, 2013.

[137] 喻建川. 焦石坝区块油管规格优选与下入时机研究 [J]. 江汉石油职工大学学报, 2021, 34（2）: 14-16.

[138] 郭建春, 路千里, 何佑伟. 页岩气压裂的几个关键问题与探索 [J]. 天然气工业, 2022, 42（8）: 148-161.

[139] Thome, John R. On recent advances in modeling of two-phase flow and heat transfer[J]. Heat Transfer Engineering, 2003, 24（6）: 46-59.

[140] Aziz K, Govier G W, Fogarasi M. Pressure Drop in Wells Producing Oil and Gas[J]. J. Cdn. Pet. Tech., 1972, 11: 38.

[141] Gould T. Vertical two-phase flow in oil and gas well[D]. Michigan: University of Michigan, 1972.

[142] 陈家琅. 石油气液两相管流 [M]. 北京: 石油工业出版社, 1989.

[143] Govier G H, Aziz K. The Flow of Complex Mixtures in Pipes[M]. New Yark: Van Nostr and Reinhold Co., 1972.

[144] Mandhane J M, Gregory G A, Aziz K. A Flow Pattern Map for Gas-Liquid Flow in Horizontal Pipes[J]. Int. J. Multiphase Flow., 1974, 1: 537-553.

[145] 欧特尔, 朱自强, 钱翼稷. 普朗特流体力学基础 [M]. 北京: 科学出版社, 2008.

[146] 赵汉中. 工程流体力学 [M]. 武汉: 华中科技大学出版社, 2005.

[147] Pozikidis C. instruction to Theoretical and Computational Fluid Dynamics[M]. New York: Oxford University Press, 1997.

[148] Barmea D. Transition from annular flow and from dispersed bubble flow—unified models for the whole range of pipe inclinations[J]. International journal of multiphase flow, 1986, 12（5）: 733-744.

[149] 肖伟. 井筒气液两相流动的模型化方法及应用研究 [D]. 成都: 西南石油大学, 2006.

[150] 谭晓华, 杨雅凌, 李晓平, 等. 考虑压裂液流体特征的井筒多相流模型建立 [J]. 科学技术与工程, 2021, 21（24）: 10229-10235.

[151] 杨文明, 王明, 陈亮, 等. 定向气井连续携液临界产量预测模型 [J]. 天然气工业, 2009, 29（5）: 82-84.

[152] 李丽, 张磊, 杨波, 等. 天然气斜井携液临界流量预测方法 [J]. 石油与天然气地质, 2012, 33（4）: 650-654.

[153] Belfroid S P C, Schiferli W, Alberts G J N, et al. Prediction onset and dynamic behavior of liquid loading gas wells[C]. SPE 115567, 2008.

[154] 谭晓华, 李晓平. 考虑气体连续携液及液滴直径影响的气井新模型 [J]. 水动力学研究与进展（A辑）, 2013, 28（1）: 41-47.

[155] Taitel Y D B, Dukler A E. Modeling flow patten transitions for steady upward gas-liquid flow in vertical tubes[J]. AIChE Journal, 1980, 26（3）: 345-354.

[156] Azzopardi B J. Drops in annular two-phase flow[J]. International Journal of Multiphase Flow, 1997, 23（7）: 1-53.

[157] Azzopardi B J. Drop sizes in annular two-phase flow[J]. Experiments in Fluids, 1985, 3（1）: 53-59.

[158] Al-Sarkhi A, Hanratty T J. Effect of pipe diameter on the drop size in a horizontal annular gas-liquid flow[J]. International Journal of Multiphase Flow, 2002, 28（10）: 1617-1629.

[159] Simmons M J H, Hanratty T J. Droplet size measurements in horizontal annular gas-liquid flow[J]. International Journal of Multiphase Flow, 2001, 27（5）: 861-883.

[160] Adamson A W. Physical chemistry of surfaces[M]. New York: John Wiley&Sons Inc, 1990.

[161] White F M. Viscous fluid flow[M]. New York: McGraw-Hill, 1991.

[162] Zhang H Q, Wang Q, SARICA C, et al. A unified mechanistic model for slug liquid holdup and transition between slug and dispersed bubble flows[J]. International Journal of Multiphase Flow, 2003, 29（1）: 97-107.

[163] Chen X T, Cai X D, Brill J P. A general model for the transition to dispersed bubble flow[J]. Chemical Engineering Science, 1997 52 231: 4373-4380.

[164] Hinze J O. Fundamentals of the hydrodynamic mechanism of splitting in dispersion processes[J]. AlChE Journal, 1955, 13: 289-295.

[165] 王永胜. 页岩气水平井产能评价方法研究 [D]. 成都: 西南石油大学, 2015.

[166] 李旭成, 李晓平, 强小军, 等. 页岩气产能分析理论及方法研究综述 [J]. 天然气勘探与开发, 2014, 37（1）: 51-55, 59, 98-99.

[167] 鹿克峰, 程超逸. 定容凝析气藏动储量计算简易新方法 [J]. 中国海上油气, 2021, 33（5）: 100-106.

[168] Pistun E P. Gas flow measurement by the variable pressure-drop method [J]. Measurement Techniques, 1984, 26（10）: 837-849.

[169] 张万茂. 苏东区块地层压力与动态储量评价 [D]. 成都: 成都理工大学, 2018.

[170] 张稷瑜. 靖边气田产水气井动态储量计算与分析 [D]. 北京: 中国石油大学（北京）, 2017.

[171] 廖恒杰, 鹿克峰, 杨志兴, 等. 采用最优化拟合法计算水驱气藏动储量及水体大小 [J]. 重庆科技学院学报（自然科学版）, 2018, 20（2）: 59-62.

[172] 谢姗, 焦扬, 艾庆琳, 等. 长庆油田 M 区低渗产水气井动储量评价方法研究 [J]. 石油地质与工程, 2018, 32（2）: 58-60.

[173] 陈霖, 熊钰, 张雅玲, 等. 低渗气藏动储量计算方法评价 [J]. 重庆科技学院学报（自然科学版）, 2013, 15（5）: 31-35.

[174] 王京舰, 王一妃, 李彦军, 等. 鄂尔多斯盆地子洲低渗透气藏动储量评价方法优选 [J]. 石油天然气学报, 2012, 34（11）: 114-117.

[175] 刘琦, 罗平亚, 孙雷, 等. 苏里格气田苏五区块天然气动态储量的计算 [J]. 天然气工业, 2012, 32（6）: 46-49.

[176] 张慧先. 靖边气田陕 330 井区产能评价及合理配产研究 [D]. 北京: 中国石油大学（北京）, 2017.

[177] Curtie J B. Fractured shale-gas systems[J]. AAPG Bulletin, 2003, 36（11）: 1931-1937.

[178] 聂海宽, 张金川. 页岩气储层类型和特征研究——以四川盆地及其周缘下古生界为例 [J]. 石油实验地质, 2011, 33（3）: 219-232.

[179] 王祥, 刘玉华, 张敏, 等. 页岩气形成条件及成藏影响因素研究 [J]. 天然气地球科学, 2010, 21（2）: 350-356.

[180] 范柏江, 师良, 庞雄奇. 页岩气成藏特点及勘探选区条件 [J]. 油气地质与采收率, 2011, 18（6）: 9-12.

[181] 张丽象, 姜呈馥, 郭超. 鄂尔多斯盘地东部上古生界页岩气勘探潜力分析 [J]. 西安石油大学学报（自然科学版）, 2012（1）: 23-34.

[182] 胡昌蓬, 徐大喜. 页岩气储层评价因素研究 [J]. 天然气与石油, 2012, 30（5）: 38-42.

[183] 聂海宽, 张金川. 页岩气储层类型和特征研究 [J]. 石油实验地质, 2011, 33（3）: 210-225.

[184] 赵鹏飞, 余杰, 杨磊. 页岩气储量评价方法 [J]. 海洋地质前沿, 2011, 27（7）: 57-63.

[185] Bowker K A. 13 arueft Shale gas production, Fort Worth Basin: Issues and discussion[J]. AAPG bulletin, 2007, 91（4）: 523-533.

[186] 姜福杰, 庞雄奇, 欧阳学成, 等, 世界页岩气研究概况及中国页岩气资源潜力分析 [J]. 地学前缘, 2012, 16（2）: 199-210.

[187] Shirlev K. Barnett Shale living up to potential[J]. AAPG Explorer, 2002, 23（7）: 19-27.

[188] 聂海宽, 唐玄, 边瑞康. 页岩气成藏控制因素及我国南方页岩气发育有利区预测 [J]. 石油学报, 2009, 30（1）: 181-191.

[189] Ebrahim F I, Yicel A. Matrix Heterogeneity Effects on Gas Transport and Adsorption in Coalbed and Shale Gas Reservoirs[J]. Transport in Porous Media, 2009, 80（2）: 281-304.

[190] 刘琼. 页岩气储层测井评价方法研究 [D]. 北京: 中国地质大学（北京）, 2013.

[191] 孙海成, 汤达祯, 蒋廷学. 页岩气储层裂缝系统影响产量的数值模拟研究 [J]. 石油钻探技术, 2011, 39（5）: 63-67.

[192] Vassilellis G D, Li C, Seager R, et al. Investigating the Expected Long-Term Production Performance of Shale Reservoir [C].SPE138134, 2010: 1-12.

[193] 周登洪, 孙雷, 严文德, 等. 页岩气产能影响因素及动态分析 [J]. 油气藏评价与开发, 2012, 2（1）: 64-69.

[194] 李庆辉, 陈勉, Wang F P, 等. 工程因素对页岩气产量的影响——以北美 Haynesville 页岩气藏为例 [J]. 天然气工业, 2012, 32（4）: 54-59.

[195] 王淑芳, 董大忠, 王玉满, 等. 中美海相页岩气地质特征对比研究 [J]. 天然气地球科学, 2015, 26（9）: 1666-1678.

[196] 梁榜. 基于正交试验分析理论的页岩气初期产能预测新方法——以涪陵焦石坝为例 [J]. 江汉石油职工大学学报, 2017, 30（2）: 8-12.

[197] 贾成业, 贾爱林, 何东博, 等. 页岩气水平井产量影响因素分析 [J]. 天然气工业, 2017, 37（4）: 80-88.

[198] 房大志, 曾辉, 王宁, 等. 从 Haynesville 页岩气开发数据研究高压岩气高产因素 [J]. 石油钻采工艺, 2015, 37（2）: 58-62.

[199] 鹿重阳, 左宇军, 李希建, 等. 贵州凤冈地区页岩气储层裂缝发育研究 [J]. 中国科技论文, 2016, 11（3）: 307-310.

[200] 刘伟伟. 凝析气井生产系统参数优化设计方法研究 [D]. 东营: 中国石油大学（华东）, 2009.

[201] 班兴安, 李群, 张仲宏, 等. 油气生产物联网 [M]. 北京: 石油工业出版社, 2021.

[202] 李剑峰, 肖波, 肖莉, 等. 智能油田 [M]. 北京: 中国石化出版社, 2020.

[203] 龚仁彬, 李欣, 李宁, 等. 油气人工智能 [M]. 北京: 石油工业出版社, 2021.

[204] 田巍, 杜利, 王明, 等. 井筒积液对储层伤害及产能的影响 [J]. 特种油气藏, 2016, 32（2）: 124-127.

[205] 博古. 气井积液井筒排液采气技术应用 [D]. 北京: 中国石油大学（北京）, 2016.

[206] 高树生, 胡志明, 郭为, 等. 页岩储层吸水特征与返排能力 [J]. 天然气工业, 2013, 33（12）: 71-76.

[207] 张涛, 李相方, 杨立峰, 等. 关井时机对页岩气井返排率和产能的影响 [J]. 天然气工业, 2017, 37（8）: 48-60.